21世纪高职高专规划教材　电子信息工学结合模式系列教材

单片机课程设计实例教程

杨居义　编著

清华大学出版社
北京

内容简介

本书根据对高职高专学生整体动手能力和实践能力的培养要求,精心选择了20个单片机课程设计与工程应用实例,典型实例包括单片机接口、A/D转换、D/A转换、道路交通灯控制、温度测量、LED点阵字符显示、电子万年历、抢答器等。为了便于教学和自学,全书按汇编语言类和C语言类分为两篇。在内容的编写上采用统一格式,包括项目概述、项目要求、系统设计、硬件设计、软件设计、系统仿真及调试。书中提供了完整的程序清单和电路原理图,有利于读者理解、扩展和制作。书中典型实例都来自实际工程应用,并提供Proteus ISIS软件仿真,有助于学生动手能力的培养和锻炼。

本书可作为高职高专院校机电、自动化、电子信息、计算机科学与技术、仪器仪表、通信工程等相关专业单片机课程设计教材,也可作为毕业设计参考教材,同时对工程技术人员也具有参考价值。

本书封面贴有清华大学出版社防伪标签,无标签者不得销售。
版权所有,侵权必究。举报: 010-62782989, beiqinquan@tup.tsinghua.edu。

图书在版编目(CIP)数据

单片机课程设计实例教程/杨居义编著. —北京: 清华大学出版社,2010.8(2023.7重印)
(21世纪高职高专规划教材. 电子信息工学结合模式系列教材)
ISBN 978-7-302-22445-7

Ⅰ. ①单… Ⅱ. ①杨… Ⅲ. ①单片微型计算机－课程设计－高等学校: 技术学校－教材 Ⅳ. ①TP368.1-41

中国版本图书馆CIP数据核字(2010)第066163号

责任编辑: 刘　青
责任校对: 李　梅
责任印制: 杨　艳

出版发行: 清华大学出版社　　　　　　　　　地　址: 北京清华大学学研大厦A座
　　　　　http://www.tup.com.cn　　　　　　邮　编: 100084
　　　　　社 总 机: 010-83470000　　　　　　邮　购: 010-62786544
　　　　　投稿与读者服务: 010-62776969, c-service@tup.tsinghua.edu.cn
　　　　　质量反馈: 010-62772015, zhiliang@tup.tsinghua.edu.cn
印 装 者: 北京鑫海金澳胶印有限公司
经　　销: 全国新华书店
开　　本: 185mm×260mm　　　　　印　张: 14.25　　　　　字　数: 325千字
版　　次: 2010年8月第1版　　　　　　　　　　　　　　　印　次: 2023年7月第2次印刷
定　　价: 39.90元

产品编号: 033684-02

PREFACE 前言

随着就业压力的日趋严峻,大学生的动手能力、实践能力和综合素质越来越受到学校和用人单位的重视。在大学学习期间,课程设计无疑是培养和锻炼动手能力、实践能力和综合素质的一个重要环节,它是对学生学习知识的一次综合实践,是对老师教学、学生学习的一次检验。因此选择项目实例非常关键,选择项目大了,学生在规定的时间内做不完;选择项目小了,又达不到课程设计的效果。针对这种情况,作者在多年单片机课程设计项目教学实践的基础上,同时结合实际工程应用,精心选择了20个项目。

本书根据高职高专院校人才培养的指导思想和教学要求编写,其特点如下。

1. 采用经典机型

本书以当今最流行、应用最普遍的 AT89S51 系列单片机为核心,项目采用汇编语言或 C 语言编写,紧密结合实际工程应用,增强了实用性、操作性和可读性,全书结构清晰、内容新颖、文字简练。

2. 强化三基、精选实例

在编写过程中,编者认真总结多年的教学经验,同时博采众长,吸取了其他书籍的精华,强调基本概念、基本原理、基本分析方法的论述,采用教、学、做相结合的教学模式,既能使学生掌握好基础,又能启发学生思考,培养动手能力。同时精选项目实例(书中实例提供了 Proteus ISIS 软件仿真),将知识点融入实例中,便于激发学生的学习兴趣。

3. 注重工程应用

单片机在工程上的应用非常广泛,书中采用了实际应用项目实例,力求理论和实践相结合,同时着重培养学生解决工程实际问题和综合应用的能力。

4. 适合作教材

为了配合实践教学,在内容的编排上力求循序渐进、由浅入深、重点突出,使教材具有理论性、实践性、工程应用性和先进性。通过典型项目分析,使学生容易抓住知识点和重点内容,掌握基本原理和分析方法,达到举一反三的目的。本书提供了程序清单和 Proteus ISIS 软件仿真(可登录清华大学出版社网站 www.tup.com.cn 下载教学资源）。

本书可作为高职高专电气自动化、机电一体化、通信、计算机及相关专业的单片机课程设计指导教材，也可以作为毕业设计参考教材，同时对工程技术人员也具有参考价值。

本书由杨居义编著，杨尧、杨晓琴、杨禹参与了项目编写。杨居义负责全书体系结构设计并编写了项目1~17和附录，杨尧编写了项目18，杨晓琴编写了项目19，杨禹编写了项目20。全书由杨居义统稿和校稿。作者在编写过程中参考了书后所列的文献资料，在此谨向其作者表示感谢。

由于作者水平有限，书中难免有不妥之处，恳请读者批评指正。

编　者

2010 年 3 月

CONTENTS 目录

上篇 汇编语言类

项目1 基于 AT89S51 单片机交通灯控制器的设计 …………… 3
  1.1 项目概述 …………………………………………………… 3
  1.2 项目要求 …………………………………………………… 3
  1.3 系统设计 …………………………………………………… 3
    1.3.1 框图设计 …………………………………………… 4
    1.3.2 知识点 ……………………………………………… 4
  1.4 硬件设计 …………………………………………………… 4
    1.4.1 电路原理图 ………………………………………… 4
    1.4.2 元件清单 …………………………………………… 6
  1.5 软件设计 …………………………………………………… 6
    1.5.1 程序流程图 ………………………………………… 6
    1.5.2 程序清单 …………………………………………… 6
  1.6 系统仿真及调试 …………………………………………… 9

项目2 基于 AT89S51 单片机抢答器的设计 ………………… 10
  2.1 项目概述 ………………………………………………… 10
  2.2 项目要求 ………………………………………………… 10
  2.3 系统设计 ………………………………………………… 10
    2.3.1 框图设计 ………………………………………… 10
    2.3.2 知识点 …………………………………………… 11
  2.4 硬件设计 ………………………………………………… 11
    2.4.1 电路原理图 ……………………………………… 11
    2.4.2 元件清单 ………………………………………… 11
  2.5 软件设计 ………………………………………………… 13
    2.5.1 程序流程图 ……………………………………… 13
    2.5.2 程序清单 ………………………………………… 13
  2.6 系统仿真及调试 ………………………………………… 14

项目3　基于AT89S51单片机多音阶电子琴的设计 ………………………………… 15
3.1　项目概述 …………………………………………………………………………… 15
3.2　项目要求 …………………………………………………………………………… 15
3.3　系统设计 …………………………………………………………………………… 15
3.3.1　框图设计 …………………………………………………………………… 15
3.3.2　知识点 ……………………………………………………………………… 16
3.4　硬件设计 …………………………………………………………………………… 16
3.4.1　电路原理图 ………………………………………………………………… 16
3.4.2　元件清单 …………………………………………………………………… 17
3.5　软件设计 …………………………………………………………………………… 17
3.5.1　程序流程图 ………………………………………………………………… 17
3.5.2　程序清单 …………………………………………………………………… 19
3.6　系统仿真及调试 …………………………………………………………………… 24

项目4　基于AT89S51单片机LED点阵显示电子钟的设计 ……………………… 25
4.1　项目概述 …………………………………………………………………………… 25
4.2　项目要求 …………………………………………………………………………… 25
4.3　系统设计 …………………………………………………………………………… 25
4.3.1　框图设计 …………………………………………………………………… 25
4.3.2　知识点 ……………………………………………………………………… 26
4.4　硬件设计 …………………………………………………………………………… 26
4.4.1　电路原理图 ………………………………………………………………… 26
4.4.2　元件清单 …………………………………………………………………… 28
4.5　软件设计 …………………………………………………………………………… 28
4.5.1　程序流程图 ………………………………………………………………… 28
4.5.2　程序清单 …………………………………………………………………… 28
4.6　系统仿真及调试 …………………………………………………………………… 33

项目5　基于AT89S51单片机数字钟的设计 …………………………………………… 34
5.1　项目概述 …………………………………………………………………………… 34
5.2　项目要求 …………………………………………………………………………… 34
5.3　系统设计 …………………………………………………………………………… 34
5.3.1　框图设计 …………………………………………………………………… 34
5.3.2　知识点 ……………………………………………………………………… 35
5.4　硬件设计 …………………………………………………………………………… 35
5.4.1　电路原理图 ………………………………………………………………… 35
5.4.2　元件清单 …………………………………………………………………… 37
5.5　软件设计 …………………………………………………………………………… 37

5.5.1　程序流程图 ·· 37
　　　5.5.2　程序清单 ·· 38
　5.6　系统仿真及调试 ·· 50

项目6　基于AT89S51单片机万年历的设计 ···················· 51
　6.1　项目概述 ··· 51
　6.2　项目要求 ··· 51
　6.3　系统设计 ··· 51
　　　6.3.1　框图设计 ·· 51
　　　6.3.2　知识点 ·· 51
　6.4　硬件设计 ··· 52
　　　6.4.1　电路原理图 ·· 52
　　　6.4.2　元件清单 ·· 52
　6.5　软件设计 ··· 54
　　　6.5.1　程序流程图 ·· 54
　　　6.5.2　程序清单 ·· 54
　6.6　系统仿真及调试 ·· 68

项目7　基于AT89S51单片机密码锁的设计 ···················· 69
　7.1　项目概述 ··· 69
　7.2　项目要求 ··· 69
　7.3　系统设计 ··· 69
　　　7.3.1　框图设计 ·· 69
　　　7.3.2　知识点 ·· 70
　7.4　硬件设计 ··· 70
　　　7.4.1　电路原理图 ·· 70
　　　7.4.2　元件清单 ·· 70
　7.5　软件设计 ··· 71
　　　7.5.1　程序流程图 ·· 71
　　　7.5.2　程序清单 ·· 72
　7.6　系统仿真及调试 ·· 74

项目8　基于AT89S51单片机比赛记分牌的设计 ············· 75
　8.1　项目概述 ··· 75
　8.2　项目要求 ··· 75
　8.3　系统设计 ··· 75
　　　8.3.1　框图设计 ·· 75
　　　8.3.2　知识点 ·· 75

8.4 硬件设计 ·· 76
8.4.1 电路原理图 ·· 76
8.4.2 元件清单 ·· 76
8.5 软件设计 ·· 78
8.5.1 软件流程图 ·· 78
8.5.2 程序清单 ·· 78
8.6 系统仿真及调试 ·· 80

项目 9 基于 AT89S51 单片机数显交通灯的设计 ·· 81
9.1 项目概述 ·· 81
9.2 项目要求 ·· 81
9.3 系统设计 ·· 81
9.3.1 框图设计 ·· 81
9.3.2 知识点 ·· 82
9.4 硬件设计 ·· 82
9.4.1 电路原理图 ·· 82
9.4.2 元件清单 ·· 82
9.5 软件设计 ·· 84
9.5.1 程序流程图 ·· 84
9.5.2 程序清单 ·· 84
9.6 系统仿真及调试 ·· 88

项目 10 基于 AT89S51 单片机控制步进电机的设计 ·· 90
10.1 项目概述 ·· 90
10.2 项目要求 ·· 90
10.3 系统设计 ·· 90
10.3.1 框图设计 ·· 90
10.3.2 知识点 ·· 90
10.4 硬件设计 ·· 91
10.4.1 电路原理图 ·· 91
10.4.2 元件清单 ·· 92
10.5 软件设计 ·· 92
10.5.1 程序流程图 ·· 92
10.5.2 程序清单 ·· 93
10.6 系统仿真及调试 ·· 95

项目 11 基于 AT89S51 单片机数字音乐盒的设计 ·· 96
11.1 项目概述 ·· 96

11.2　项目要求 96
11.3　系统设计 96
 11.3.1　框图设计 96
 11.3.2　知识点 96
11.4　硬件设计 97
 11.4.1　电路原理图 97
 11.4.2　元件清单 99
11.5　软件设计 99
 11.5.1　程序流程图 99
 11.5.2　程序清单 99
11.6　系统仿真及调试 114

下　篇　C 语言类

项目 12　基于 AT89S51 单片机 4×4 矩阵键盘的设计 117

12.1　项目概述 117
12.2　项目要求 117
12.3　系统设计 117
 12.3.1　框图设计 117
 12.3.2　知识点 118
12.4　硬件设计 118
 12.4.1　电路原理图 118
 12.4.2　元件清单 118
12.5　软件设计 119
 12.5.1　程序流程图 119
 12.5.2　程序清单 120
12.6　系统仿真及调试 124

项目 13　基于 AT89S51 单片机带时间与声光提示抢答器的设计 125

13.1　项目概述 125
13.2　项目要求 125
13.3　系统设计 125
 13.3.1　框图设计 125
 13.3.2　知识点 125
13.4　硬件设计 126
 13.4.1　电路原理图 126
 13.4.2　元件清单 126
13.5　软件设计 128

13.5.1　程序流程图 …………………………………………………… 128
　　　13.5.2　程序清单 ……………………………………………………… 128
　13.6　系统仿真及调试 …………………………………………………………… 138

项目14　基于AT89S51单片机简易计算器的设计 ……………………………… 139
　14.1　项目概述 …………………………………………………………………… 139
　14.2　项目要求 …………………………………………………………………… 139
　14.3　系统设计 …………………………………………………………………… 139
　　　14.3.1　框图设计 ……………………………………………………… 139
　　　14.3.2　知识点 ………………………………………………………… 140
　14.4　硬件设计 …………………………………………………………………… 140
　　　14.4.1　电路原理图 …………………………………………………… 140
　　　14.4.2　元件清单 ……………………………………………………… 140
　14.5　软件设计 …………………………………………………………………… 142
　　　14.5.1　程序流程图 …………………………………………………… 142
　　　14.5.2　程序清单 ……………………………………………………… 142
　14.6　系统仿真及调试 …………………………………………………………… 150

项目15　基于AT89S51单片机脉搏测量器的设计 ……………………………… 152
　15.1　项目概述 …………………………………………………………………… 152
　15.2　设计要求 …………………………………………………………………… 152
　15.3　系统设计 …………………………………………………………………… 152
　　　15.3.1　框图设计 ……………………………………………………… 152
　　　15.3.2　知识点 ………………………………………………………… 152
　15.4　硬件设计 …………………………………………………………………… 153
　　　15.4.1　电路原理图 …………………………………………………… 153
　　　15.4.2　元件清单 ……………………………………………………… 153
　15.5　软件设计 …………………………………………………………………… 155
　　　15.5.1　程序流程图 …………………………………………………… 155
　　　15.5.2　程序清单 ……………………………………………………… 155
　15.6　系统仿真及调试 …………………………………………………………… 157

项目16　基于AT89S51单片机LCD数字测速仪的设计 ………………………… 158
　16.1　项目概述 …………………………………………………………………… 158
　16.2　项目要求 …………………………………………………………………… 158
　16.3　系统设计 …………………………………………………………………… 158
　　　16.3.1　框图设计 ……………………………………………………… 158
　　　16.3.2　知识点 ………………………………………………………… 159

  16.4 硬件设计 ……………………………………………………………………… 159
    16.4.1 电路原理图 …………………………………………………………… 159
    16.4.2 元件清单 ……………………………………………………………… 159
  16.5 软件设计 ……………………………………………………………………… 160
    16.5.1 程序流程图 …………………………………………………………… 160
    16.5.2 程序清单 ……………………………………………………………… 161
  16.6 系统仿真及调试 ……………………………………………………………… 165

项目 17 基于 AT89S51 单片机数字电压表的设计 ……………………………… 166

  17.1 项目概述 ……………………………………………………………………… 166
  17.2 项目要求 ……………………………………………………………………… 166
  17.3 系统设计 ……………………………………………………………………… 166
    17.3.1 框图设计 ……………………………………………………………… 166
    17.3.2 知识点 ………………………………………………………………… 167
  17.4 硬件设计 ……………………………………………………………………… 167
    17.4.1 电路原理图 …………………………………………………………… 167
    17.4.2 元件清单 ……………………………………………………………… 168
  17.5 软件设计 ……………………………………………………………………… 168
    17.5.1 程序流程图 …………………………………………………………… 168
    17.5.2 程序清单 ……………………………………………………………… 168
  17.6 系统仿真及调试 ……………………………………………………………… 171

项目 18 基于 AT89S51 单片机简易频率计的设计 ……………………………… 172

  18.1 项目概述 ……………………………………………………………………… 172
  18.2 项目要求 ……………………………………………………………………… 172
  18.3 系统设计 ……………………………………………………………………… 172
    18.3.1 框图设计 ……………………………………………………………… 172
    18.3.2 知识点 ………………………………………………………………… 172
  18.4 硬件设计 ……………………………………………………………………… 173
    18.4.1 电路原理图 …………………………………………………………… 173
    18.4.2 元件清单 ……………………………………………………………… 174
  18.5 软件设计 ……………………………………………………………………… 174
    18.5.1 程序流程图 …………………………………………………………… 174
    18.5.2 程序清单 ……………………………………………………………… 174
  18.6 系统仿真及调试 ……………………………………………………………… 176

项目 19 基于 AT89S51 单片机数字温度计的设计 ……………………………… 178

  19.1 项目概述 ……………………………………………………………………… 178

19.2 项目要求 …… 178
19.3 系统设计 …… 178
　　19.3.1 框图设计 …… 178
　　19.3.2 知识点 …… 179
19.4 硬件设计 …… 179
　　19.4.1 电路原理图 …… 179
　　19.4.2 元件清单 …… 179
19.5 软件设计 …… 180
　　19.5.1 程序流程图 …… 180
　　19.5.2 程序清单 …… 181
19.6 系统仿真及调试 …… 184

项目20　基于AT89S51单片机多模式带音乐跑马灯的设计 …… 185
20.1 项目概述 …… 185
20.2 项目要求 …… 185
20.3 系统设计 …… 185
　　20.3.1 框图设计 …… 185
　　20.3.2 知识点 …… 186
20.4 硬件设计 …… 186
　　20.4.1 电路原理图 …… 186
　　20.4.2 元件清单 …… 186
20.5 软件设计 …… 188
　　20.5.1 程序流程图 …… 188
　　20.5.2 程序清单 …… 189
20.6 系统仿真及调试 …… 200

附录A　单片机课程设计写作规范(参考) …… 202

附录B　MCS-51指令表 …… 206

附录C　常用集成芯片引脚图 …… 213

参考文献 …… 216

上　篇　汇编语言类

项目1　基于AT89S51单片机交通灯控制器的设计

项目2　基于AT89S51单片机抢答器的设计

项目3　基于AT89S51单片机多音阶电子琴的设计

项目4　基于AT89S51单片机LED点阵显示电子钟的设计

项目5　基于AT89S51单片机数字钟的设计

项目6　基于AT89S51单片机万年历的设计

项目7　基于AT89S51单片机密码锁的设计

项目8　基于AT89S51单片机比赛记分牌的设计

项目9　基于AT89S51单片机数显交通灯的设计

项目10　基于AT89S51单片机控制步进电机的设计

项目11　基于AT89S51单片机数字音乐盒的设计

项目 1
基于 AT89S51 单片机交通灯控制器的设计

1.1 项目概述

随着我国经济的高速发展,以及私家车、公交车的快速增加,无疑会对我国道路交通系统带来沉重的压力,很多大城市都不同程度地受到交通堵塞的困扰。为此我们以 AT89S51 单片机为核心,设计出以人性化、智能化为目的的交通信号灯控制系统。

1.2 项目要求

用 AT89S51 单片机控制一个交通信号灯系统,晶振采用 12MHz。设 A 车道与 B 车道交叉组成十字路口,A 是主道,B 是支道。设计要求如下:
(1) 用发光二极管模拟交通信号灯,用按键开关模拟车辆检测信号。
(2) 正常情况下,A、B 两车道轮流放行,A 车道放行 50s,其中 5s 用于警告;B 车道放行 30s,其中 5s 用于警告。
(3) 在交通繁忙时,交通信号灯控制系统应有手控开关,可人为地改变信号灯的状态,以缓解交通拥挤状况。在 B 车道放行期间,若 A 车道有车而 B 车道无车,按下开关 K_1 使 A 车道放行 15s;在 A 车道放行期间,若 B 车道有车而 A 车道无车,按下开关 K_2 使 B 车道放行 15s。
(4) 有紧急车辆通过时,按下 K_3 开关使 A、B 车道均为红灯,禁行 20s。

1.3 系统设计

交通控制系统主要用来控制 A 车道、B 车道两车道的交通,以 AT89S51 单片机为核心芯片,通过控制三色 LED 的亮灭来控制各车道的通行;另外,通过 3 个按键来模拟各车道有无车辆的情况和紧急车辆情况。根据设计要求,制定总体设计思想如下:
(1) 正常情况下运行主程序,采用 0.5s 延时子程序的反复调用来实现各种定时时间。
(2) 一道有车而另一道无车时,采用外部中断 1 执行中断服务程序,并设置该中断为低优先级中断。

(3) 有紧急车辆通过时,采用外部中断0执行中断服务程序,并设置该中断为高优先级中断,实现二级中断嵌套。

1.3.1 框图设计

基于AT89S51单片机交通信号灯的控制系统由电源电路、单片机主控电路、按键控制电路和道路显示电路几部分组成,框图组成如图1-1所示。

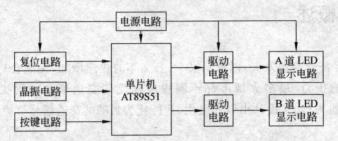

图1-1 基于AT89S51单片机交通信号灯控制系统框图

1.3.2 知识点

本项目需要通过学习和查阅资料,了解和掌握以下方面的知识。
- +5V电源原理及设计。
- 单片机复位电路工作原理及设计。
- 单片机晶振电路工作原理及设计。
- 按键电路的设计。
- 驱动电路74LS07的特性及使用。
- LED的特性及使用。
- AT89S51单片机引脚。
- 单片机汇编语言及程序设计。

1.4 硬件设计

1.4.1 电路原理图

用12只发光二极管模拟交通信号灯,以AT89S51单片机的P1口控制这12只发光二极管。由于单片机带负载能力有限,因此,在P1口与发光二极管之间用74LS07作驱动电路。P1口输出低电平时,信号灯亮;输出高电平时,信号灯灭。在正常情况和交通繁忙时,A、B两车道的6只信号灯的控制状态有5种形式,即P1口控制功能及相应控制码如表 1-1 所示。分别以按键 K_1、K_2 模拟 A、B 道的车辆检测信号,开关 K_1 按下时,A 车道放行;开关 K_2 按下时,B 车道放行。开关 K_1 和 K_2 的控制信号经异或取反后,产生中断请求信号(低电平有效),通过外部中断 1 向 CPU 发出中断请求。因此产生外部中断 1 中断的条件应是:$\overline{INT1} = \overline{K_1 \oplus K_2}$,可用集成块 74LS266(如无 74LS266,可用 74LS86 与 74LS04 组合)来实现。采用中断加查询扩展法,可以判断出要求放行的是 A 车道(按下开关 K_1)还是 B 车道(按下开关 K_2)。

以按键 K_0 模拟紧急车辆通过开关,当 K_0 为高电平时,属正常情况;当 K_0 为低电平时,属紧急车辆通过的情况,直接将 K_0 信号接至 $\overline{INT0}$(P3.2)脚即可实现外部中断 0 中断。

表 1-1　交通信号灯与控制状态对应关系

控 制 状 态	P1 口控制码	P1.7	P1.6	P1.5	P1.4	P1.3	P1.2	P1.1	P1.0
		未用	未用	B道绿灯	B道黄灯	B道红灯	A道绿灯	A道黄灯	A道红灯
A道放行,B道禁止	F3H	1	1	1	1	0	0	1	1
A道警告,B道禁止	F5H	1	1	1	1	0	1	0	1
A道禁止,B道放行	DEH	1	1	0	1	1	1	1	0
A道禁止,B道警告	EEH	1	1	1	0	1	1	1	0
A道禁止,B道禁止	F6H	1	1	1	1	0	1	1	0

综上所述,可设计出 AT89S51 单片机控制交通信号灯电路图,如图 1-2 所示。

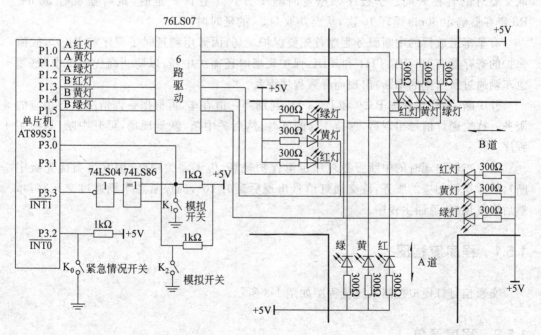

图 1-2　交通信号灯模拟控制电路图

1.4.2 元件清单

基于 AT89S51 单片机交通信号灯控制系统的元件清单如表 1-2 所示。

表 1-2　基于 AT89S51 单片机交通信号灯控制系统元件清单

元件名称	型号	数量	用途	元件名称	型号	数量	用途
单片机	AT89S51	1个	控制核心	集成块	74LS04	1个	按键电路
晶振	12MHz	1个	晶振电路	集成块	74LS86	1个	按键电路
电容	30pF	2个	晶振电路	电阻	4.7kΩ	2个	按键电路
电解电容	10μF/10V	1个	复位电路	按键		4个	按键电路
电阻	10kΩ	1个	复位电路	电阻	300Ω	12个	LED限流
驱动器	74LS07	1个	LED驱动	电源	+5V/0.5A	1个	提供+5V电源
发光二极管	LED	12个	黄、红、绿灯				

1.5 软件设计

主程序采用查询方式定时，由 R2 寄存器确定调用 0.5s 延时子程序的次数，从而获取交通灯的各种时间。子程序采用定时器 1 方式 1 查询式定时，定时器定时 50ms。R3 寄存器确定 50ms 循环 10 次，从而获取 0.5s 的延时时间。

有车车道放行的中断服务程序首先要保护现场，因需用到延时子程序和 P1 口，故需保护的寄存器有 R3、P1、TH1 和 TL1，保护现场时还需关中断，以防止高优先级中断（紧急车辆通过所产生的中断）出现而导致程序混乱。

开中断，由软件查询 P3.0 和 P3.1 口，判别哪一道有车，再根据查询情况执行相应的服务。待交通灯信号出现后，保持 15s 的延时，然后关中断，恢复现场，再开中断，返回主程序。

紧急车辆出现时的中断服务程序也需保护现场，但无需关中断（因其为高优先级中断），然后执行相应的服务，待交通灯信号出现后延时 20s，确保紧急车辆通过交叉路口，然后恢复现场，返回主程序。

1.5.1 程序流程图

交通信号灯模拟控制系统流程图如图 1-3 所示。

1.5.2 程序清单

交通信号灯模拟控制系统程序清单如下所示。

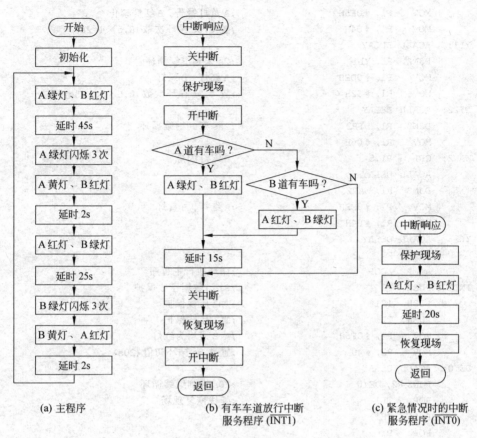

图 1-3　交通信号灯模拟控制系统程序流程图

```
        ORG    0000H
        LJMP   MAIN               ;转向主程序
        ORG    0003H
        LJMP   INTT0              ;转向紧急车辆中断服务程序
        ORG    0013H
        LJMP   INTT1              ;转向有车车道中断服务程序
        ORG    0200H
MAIN:   MOV    SP,#30H
        SETB   PX0                ;置外部中断 0 为高优先级中断
        MOV    TCON,#00H          ;置外部中断 0、1 为电平触发
        MOV    TMOD,#10H          ;置定时器 1 为方式 1
        MOV    IE,#85H            ;开 CPU 中断,开外中断 0、1 中断
LOOP:   MOV    P1,#0F3H           ;A 道绿灯放行,B 道红灯禁止
        MOV    R1,#90             ;置 0.5s 循环次数(0.5×90=45s)
DIP1:   ACALL  DELAY              ;调用 0.5s 延时子程序
        DJNZ   R1,DIP1            ;45s 不到继续循环
        MOV    R1,#06             ;置 A 绿灯闪烁循环次数
WAN1:   CPL    P1.2               ;A 绿灯闪烁
        ACALL  DELAY
        DJNZ   R1,WAN1            ;闪烁次数未到继续循环
```

```
            MOV    P1, #0F5H              ;A黄灯警告,B红灯禁止
            MOV    R1, #04H               ;置0.5s循环次数(0.5×4=2s)
    YL1:    ACALL  DELAY
            DJNZ   R1, YL1                ;2s未到继续循环
            MOV    P1, #0DEH              ;A红灯,B绿灯
            MOV    R1, #32H               ;置0.5s循环次数(0.5×50=25s)
    DIP2:   ACALL  DELAY
            DJNZ   R1, DIP2               ;25s未到继续循环
            MOV    R1, #06H
    WAN2:   CPL    P1.5                   ;B绿灯闪烁
            ACALL  DELAY
            DJNZ   R1, WAN2
            MOV    P1, #0EEH              ;A红灯,B黄灯
            MOV    R1, #04H
    YL2:    ACALL  DELAY
            DJNZ   R1, YL2
            AJMP   LOOP                   ;循环执行主程序
    INTT0:  PUSH   P1                     ;P1口数据压栈保护
            PUSH   TH1                    ;TH1压栈保护
            PUSH   TL1                    ;TL1压栈保护
            MOV    P1, #0F6H              ;A、B道均为红灯
            MOV    R2, #40                ;置0.5s循环初值(20s)
    DEY0:   ACALL  DELAY
            DJNZ   R2, DEY0               ;20s未到继续循环
            POP    TL1                    ;弹栈恢复现场
            POP    TH1
            POP    P1
            RETI                          ;返回主程序
    INTT1:  CLR    EA                     ;关中断
            PUSH   P1                     ;压栈保护现场
            PUSH   TH1
            PUSH   TL1
            SETB   EA                     ;开中断
            JB     P3.0, BOP              ;A道无车转向B道
            MOV    P1, #0F3H              ;A道绿灯,B道红灯
            SJMP   DEL1                   ;转向15s延时
    BOP:    JB     P3.1, EXIT             ;B道无车退出中断
            MOV    P1, #0DEH              ;A红灯,B绿灯
    DEL1:   MOV    R5, #30                ;置0.5s循环初值(15s)
    NEXT:   ACALL  DELAY
            DJNZ   R5, NEXT               ;15s未到继续循环
    EXIT:   CLR    EA
            POP    TL1                    ;弹栈恢复现场
            POP    TH1
            POP    P1
            SETB   EA
            RETI
    DELAY:  MOV    R3, #0AH               ;0.5s子程序(50ms×10=0.5s)
            MOV    TH1, #3CH              ;置50ms初值,X=3CB0H
```

```
        MOV    TL1, #0B0H
        SETB   TR1                      ;启动 T1
LP1:    JBC    TF1, LP2                 ;查询计数溢出
        SJMP   LP1
LP2:    MOV    TH1, #3CH                ;置 50ms 初值,X=3CB0H
        MOV    TL1, #0B0H
        DJNZ   R3, LP1
        RET
        END
```

1.6 系统仿真及调试

本项目仿真见教学资源"项目 1"。

单片机系统的硬件调试和软件调试是不能分开的,许多硬件错误是在软件调试中被发现和纠正的。但通常是先排除明显的硬件故障以后,再和软件结合起来调试以进一步排除故障。可见硬件的调试是基础,如果硬件调试不通过,软件设计则无从做起。

硬件调试主要是把电路的各种参数调整到符合设计要求。先排除硬件电路故障,包括设计性错误和工艺性故障。一般原则是先静态,后动态。

可利用万用表或逻辑测试仪器,检查电路中的各器件以及引脚的连接是否正确,是否有短路故障。

先要将单片机 AT89S51 芯片取下,对电路板进行通电检查,通过观察看是否有异常,然后用万用表测试各电源电压,这些都没有问题后,接上仿真机进行联机调试,观察各接口线路是否正常。

单片机 AT89S51 是系统的核心,利用万用表检测单片机电源 V_{CC}(40 脚)是否为+5V、晶振是否正常工作(可用示波器测试;也可以用万用表检测两引脚电压,一般为 1.8~2.3V)、复位引脚 RST(复位时为高电平,单片机工作时为低电平)、$\overline{EA}$ 是否为+5V(高电平),如果合乎要求,单片机就能工作了,再结合电路图,故障检测就很容易了。

项目 2
基于 AT89S51 单片机抢答器的设计

2.1 项目概述

现在很多文娱活动中都有抢答这一项,需要用到抢答器。而目前市场上,普通抢答器都需要几百块,价格比较昂贵。本项目设计的抢答器的电路简单、成本较低、操作方便、灵敏可靠,具有较高的推广价值。

2.2 项目要求

基于 AT89S51 单片机设计制作一个抢答器,晶振采用 12MHz。具体设计要求如下:

(1) 设计一个智力竞赛抢答器,可同时供 8 名选手或 8 个代表队参加比赛,编号为 0、1、2、3、4、5、6、7,各用一个按钮。

(2) 给节目主持人设置一个控制开关,用来控制系统的清零和抢答的开始。

(3) 抢答器具有数据锁存功能、显示功能和声音提示功能。抢答开始后,若有选手按动抢答按钮,编号立即锁存,并在 LED 数码管上显示选手的编号,同时灯亮且伴随声音提示。此外,要封锁输入电路,禁止其他选手抢答,最先抢答选手的编号一直保持到主持人将系统清零。

2.3 系统设计

2.3.1 框图设计

基于 AT89S51 单片机抢答器由控制核心 AT89S51 单片机、复位电路、电源电路、选手按键、主持人按键、声音提示和数码显示等部分组成,系统框图如图 2-1 所示。

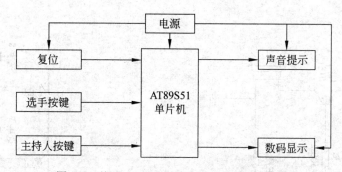

图 2-1 基于 AT89S51 单片机抢答器系统框图

2.3.2 知识点

本项目需要通过学习和查阅资料,了解和掌握以下知识。
- +5V 电源原理及设计。
- 单片机复位电路工作原理及设计。
- 单片机晶振电路工作原理及设计。
- 按键电路的设计。
- 蜂鸣器驱动电路设计。
- 数码管特性及使用。
- AT89S51 单片机引脚。
- 单片机汇编语言及程序设计。

2.4 硬件设计

2.4.1 电路原理图

根据上述分析,设计出基于 AT89S51 单片机抢答器电路原理图,如图 2-2 所示。

工作原理为:电源电路为单片机以及其他模块提供标准 5V 电源。晶振模块为单片机提供时钟标准,使系统各部分能协调工作。复位电路模块为单片机系统提供复位功能。单片机作为主控制器,根据输入信号对系统进行相应的控制。选手按下相应的按键,蜂鸣器发出提示音,直到按键释放。数码管显示最先按下按键的选手编号。选手回答完毕,主持人按下准备按钮,数码清零,蜂鸣器停止发声,可以进入下一题的抢答。

2.4.2 元件清单

基于 AT89S51 单片机抢答器的元件清单如表 2-1 所示。

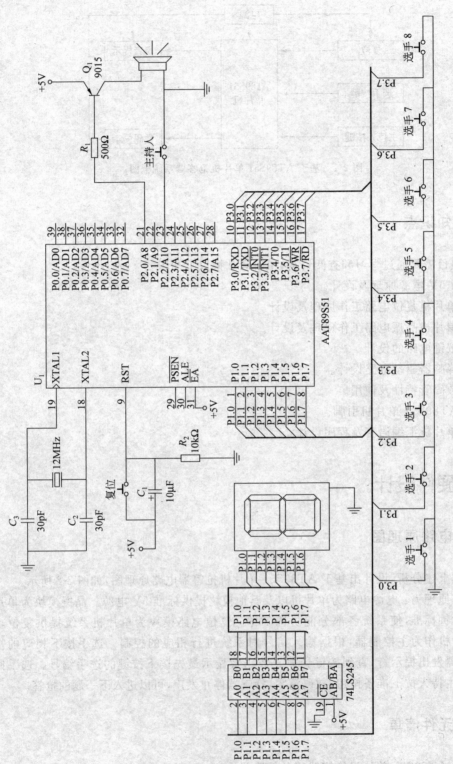

图 2-2 基于 AT89S51 单片机抢答器电路原理图

表 2-1 基于 AT89S51 单片机抢答器的元件清单

元件名称	型号	数量	用途	元件名称	型号	数量	用途
单片机	AT89S51	1个	控制核心	按键		8个	选手输入
晶振	12MHz	1个	晶振电路	按键		1个	主持人输入
电容	30pF	2个		三极管	9015	1个	蜂鸣器及其驱动电路
电解电容	10μF/10V	1个		蜂鸣器		1个	
按键		1个	复位电路	电阻	500Ω	1个	
电阻	10kΩ	1个		数码管	1位共阴极	1个	显示电路
电源	5V/0.5A	1个	电源电路	集成块	74LS245	1块	显示驱动

2.5 软件设计

2.5.1 程序流程图

上电复位后数码管清零,P2.0 置高电平,蜂鸣器不发声。循环扫描 P3 口,看是否有按键按下。如果有按键按下,转入判断是哪个选手按下按键,在数码管上显示选手编号,P2.0 置低电平,蜂鸣器间断发声。当主持人按键按下,系统重新进入主程序,继续进行下一轮抢答。程序流程图如图 2-3 所示。

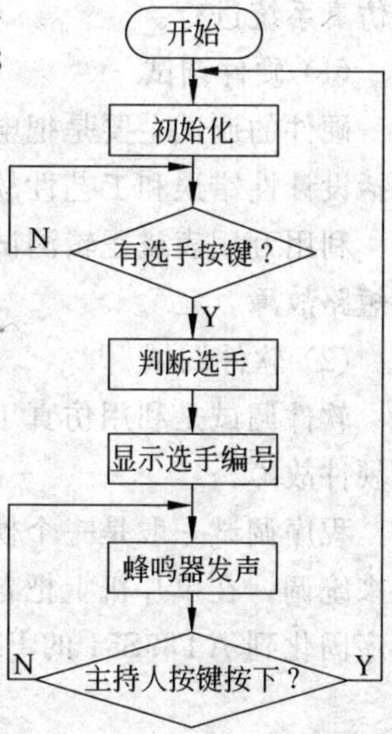

2.5.2 程序清单

基于 AT89S51 单片机抢答器的设计程序清单如下所示。

```
        ORG     000
        JMP     BEGIN
TABLE:                          ;共阴极数码管显示代码表
        DB      3FH,06H,5BH,4FH,66H     ;01234
        DB      6DH,7DH,07H,7FH,6FH     ;56789
DELAY:  MOV     R5, #20         ;延时 20×20ms 子程序
LOOP4:  MOV     R6, #50
LOOP5:  MOV     R7, #100
        DJNZ    R7, $
        DJNZ    R6, LOOP5
        DJNZ    R5, LOOP4
        RET
BEGIN:  MOV     P2, #0FFH       ;P2 口置高电平,准备接收信号
        MOV     R4, #0
        MOV     A, R4           ;"R4"位标志值送 A 寄存器
```

图 2-3 抢答器程序流程图

```
AGAIN:  MOV    DPTR,#TABLE
        MOVC   A,@A+DPTR
        MOV    P1,A
LOOP1:  MOV    A,P3            ;接收P3口的抢答信号
        CPL    A
        JZ     LOOP1
LOOP2:  RRC    A               ;有抢答信号则逐次移动判断是哪一位抢答
        INC    R4
        JNC    LOOP2           ;移位
        MOV    A,R4
        MOVC   A,@A+DPTR       ;找到相应位的显示代码
        MOV    P1,A
LOOP3:  JNB    P2.2,BEGIN      ;若主持人按了复位信号键,则转向程序复位
        CPL    P2.0            ;若没按复位信号键,则通过P2.2给出高低信号驱动蜂鸣器
        LCALL  DELAY           ;调用延时程序
        SJMP   LOOP3           ;P2.2口反复间隔0.4s变化,驱动蜂鸣器
        END
```

2.6 系统仿真及调试

本项目仿真见教学资源"项目2"。

应用系统设计完成之后,就要进行硬件调试和软件调试了。软件调试可以利用开发及仿真系统进行。

(1) 硬件调试

硬件的调试主要是把电路的各种参数调整到符合设计要求。先排除硬件电路故障,包括设计性错误和工艺性故障。一般原则是先静态,后动态。

利用万用表或逻辑测试仪器,检查电路中的各器件以及引脚的连接是否正确,是否有短路故障。

(2) 软件调试

软件调试是利用仿真工具进行在线仿真调试,除发现和解决程序错误外,也可以发现硬件故障。

程序调试一般是一个模块一个模块地进行,一个子程序一个子程序地调试,最后连起来统调。在单片机上把各模块程序分别进行调试使其正确无误,可以用系统编程器将程序固化到AT89S51的FLASH ROM中,接上电源脱机运行。

项目 3
基于 AT89S51 单片机多音阶电子琴的设计

3.1 项目概述

电子琴是现代电子科技与音乐结合的产物,是一种新型的键盘乐器。电子琴在现代音乐中扮演着重要的角色。本项目的主要内容是以 AT89S51 单片机为核心控制元件,设计一个多音阶电子琴。它具有硬件电路简单、软件功能完善、控制系统可靠、性价比高等优点,具有一定的实用价值。

3.2 项目要求

基于 AT89S51 单片机多音阶电子琴的设计要求如下:
(1) 由 4×4 组成 16 个按键矩阵,设计成 16 个音阶。
(2) 可随意弹奏想要表达的音乐。

3.3 系统设计

多音阶电子琴的设计以 AT89S51 单片机为主控芯片,使 4×4 按键矩阵电路、功率放大电路、扬声器等各功能电路协调工作。多音阶电子琴的主电路主要由 4×4 按键矩阵电路、功率放大电路、扬声器、复位电路、晶振电路、电源电路等几部分组成。

3.3.1 框图设计

基于 AT89S51 单片机多音阶电子琴系统框图如图 3-1 所示。

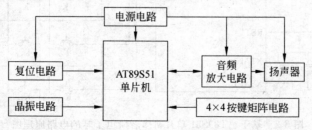

图 3-1 基于 AT89S51 单片机多音阶电子琴系统框图

3.3.2 知识点

本项目需要通过学习和查阅资料，了解和掌握以下知识。
- +5V 电源原理及设计。
- 单片机复位电路工作原理及设计。
- 单片机晶振电路工作原理及设计。
- 4×4 按键矩阵电路工作原理及设计。
- 音频集成功放 LM386 的特性及使用。
- AT89S51 单片机引脚。
- 单片机汇编语言及程序设计。

3.4 硬件设计

3.4.1 电路原理图

系统硬件连线如图 3-2 所示，单片机的 P1.0 端口的输出作为音频放大电路中的输入；把单片机的 P3.0～P3.7 端口分别作为 4×4 按键矩阵电路的行扫描和列扫描。

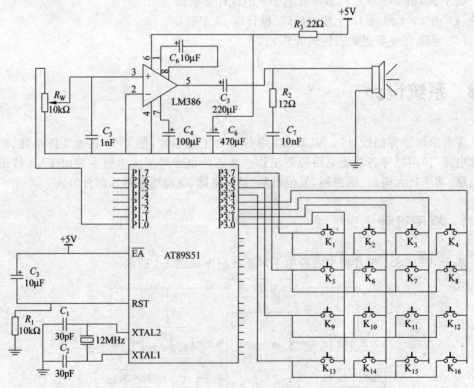

图 3-2 基于 AT89S51 单片机多音阶电子琴的电路原理图

4×4矩阵键盘构成电子琴的键盘功能如图3-3所示。

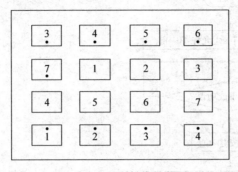

图 3-3 电子琴键盘功能图

3.4.2 元件清单

基于AT89S51单片机多音阶电子琴的元件清单如表3-1所示。

表 3-1 基于AT89S51单片机多音阶电子琴的元件清单

元件名称	型号	数量	用途	元件名称	型号	数量	用途
单片机	AT89S51	1个	控制核心	电解电容	100μF/10V	1个	
晶振	12MHz	1个	晶振电路	电解电容	10μF/10V	1个	
电容	30pF	2个	晶振电路	电解电容	220μF/10V	1个	
电解电容	10μF/10V	1个	复位电路	电解电容	470μF/10V	1个	音频放大电路
电阻	10kΩ	1个	复位电路	集成块	LM386	1个	
按键		16个	按键电路	电容	1nF,10nF	各1个	
电源	+5V/0.5A	1个	提供+5V电源	电阻	12Ω,22Ω	各1个	
喇叭	0.5W/8Ω	1个	扬声器	电位器R_W	10kΩ	1个	

3.5 软件设计

3.5.1 程序流程图

主程序流程图和T0中断服务流程图如图3-4所示。下面对4×4矩阵键盘识别处理与如何产生音乐频率进行分析。

(1) 4×4矩阵键盘识别处理

键盘只简单地提供按键开关的行列矩阵。有关按键的识别、键码的确定与输入、去

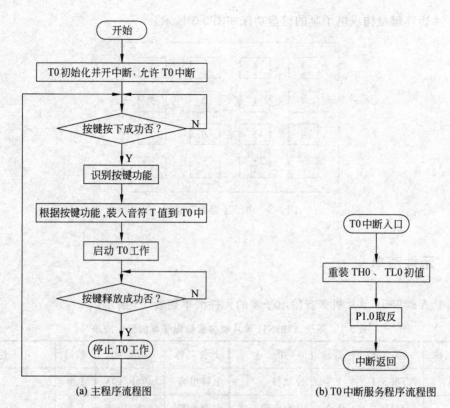

(a) 主程序流程图　　　　(b) T0中断服务程序流程图

图 3-4　主程序流程图和 T0 中断服务程序流程图

抖动等功能均由软件完成。

每个按键都有它的行值和列值,行值和列值的组合就是识别这个按键的编码。矩阵的行线和列线分别通过两并行接口和 CPU 通信。每个按键的状态同样需变成数字量"0"和"1",开关的一端(列线)通过电阻接 V_{CC},而接地是通过程序输出数字"0"实现的。键盘处理程序的任务是:确定有无键按下,判断哪一个键按下,键的功能是什么,还要消除按键在闭合或断开时的抖动。两个并行口中,一个输出扫描码,使按键逐行动态接地;另一个并行口输入按键状态,由行扫描值和回馈信号共同形成键编码而识别按键,通过软件查表,查出该键的功能。

(2) 如何产生音乐频率

要产生音频脉冲,只要算出某一音频的周期(1/频率),将此周期除以 2,即为半周期的时间,然后利用计时器计时此半周期时间,每当计时到后就将输出脉冲的 I/O 反相,重复计时此半周期时间再对 I/O 反相,如此就可在 I/O 脚上得到此频率的脉冲。

利用 AT89S51 单片机内部计时器,让其工作在计数模式 MODE1 下,改变计数值 TH0 及 TL0,以产生不同的频率。

AT89S51 单片机采用 12MHz 晶振,高、中、低音符与计数 T0 相关的计数值如表 3-2 所示。

音乐的音拍以节拍为单位(C 调),曲调值如表 3-3 所示。

表 3-2 音符频率表

音 符	频率(Hz)	简谱码(T值)	音 符	频率(Hz)	简谱码(T值)
低1 DO	262	63628	#4 FA#	740	64860
#1 DO#	277	63731	中5 SO	784	64898
低2 RE	294	63835	#5 SO#	831	64934
#2 RE#	311	63928	中6 LA	880	64968
低3 M	330	64021	#6	932	64994
低4 FA	349	64103	中7 SI	988	65030
#4 FA#	370	64185	高1 DO	1046	65058
低5 SO	392	64260	#1 DO#	1109	65085
#5 SO#	415	64331	高2 RE	1175	65110
低6 LA	440	64400	#2 RE#	1245	65134
#6	466	64463	高3 M	1318	65157
低7 SI	494	64524	高4 FA	1397	65178
中1 DO	523	64580	#4 FA#	1480	65198
#1 DO#	554	64633	高5 SO	1568	65217
中2 RE	587	64684	#5 SO#	1661	65235
#2 RE#	622	64732	高6 LA	1760	65252
中3 M	659	64777	#6	1865	65268
中4 FA	698	64820	高7 SI	1967	65283

表 3-3 曲调值表

曲调值	DELAY	曲调值	DELAY
调 4/4	125ms	调 4/4	62ms
调 3/4	187ms	调 3/4	94ms
调 2/4	250ms	调 2/4	125ms

3.5.2 程序清单

基于 AT89S51 单片机多音阶电子琴程序清单如下所示。

```
        KEYBUF  EQU 30H              ;KEYBUF 定义为 30H
        STH0    EQU 31H              ;STH0 定义为 31H
        STL0    EQU 32H              ;STL0 定义为 32H
        TEMP    EQU 33H              ;TEMP 定义为 33H
        ORG     00H
        LJMP    START
        ORG     0BH
        LJMP    INT_T0
START:  MOV     TMOD, #01H           ;设置定时器 0 的工作方式
        SETB    ET0                  ;设置定时器中断
        SETB    EA                   ;开总中断
WAIT:   MOV     P3, #0FFH            ;设置 P3 口为输入模式
```

```
        CLR     P3.4                    ;清零 P3.4,按键的第一行扫描
        MOV     A,P3
        ANL     A,#0FH
        XRL     A,#0FH
        JZ      NOKEY1
        LCALL   DELY10MS                ;延时 10ms
        MOV     A,P3
        ANL     A,#0FH
        XRL     A,#0FH
        JZ      NOKEY1
        MOV     A,P3
        ANL     A,#0FH
        CJNE    A,#0EH,NK1
        MOV     KEYBUF,#0
        LJMP    DK1
NK1:    CJNE    A,#0DH,NK2              ;K₁ 键按下
        MOV     KEYBUF,#1
        LJMP    DK1
NK2:    CJNE    A,#0BH,NK3              ;K₂ 键按下
        MOV     KEYBUF,#2
        LJMP    DK1
NK3:    CJNE    A,#07H,NK4              ;K₃ 键按下
        MOV     KEYBUF,#3
        LJMP    DK1
NK4:    NOP                             ;K₄ 键按下
DK1:    MOV     A,KEYBUF
        MOV     B,#2
        MUL     AB                      ;因为查表里都是字,所以乘2的查表数据
        MOV     TEMP,A
        MOV     DPTR,#TABLE             ;指向表头
        MOVC    A,@A+DPTR               ;查表
        MOV     STH0,A
        MOV     TH0,A                   ;将数据高位送 TH0
        INC     TEMP
        MOV     A,TEMP
        MOVC    A,@A+DPTR
        MOV     STL0,A
        MOV     TL0,A                   ;将数据低位送 TL0
        SETB    TR0                     ;启动定时器 T0
DK1A:   MOV     A,P3
        ANL     A,#0FH
        XRL     A,#0FH
        JNZ     DK1A
        CLR     TR0                     ;关闭定时器 T0
NOKEY1: MOV     P3,#0FFH                ;设置 P3 口为输入模式
        CLR     P3.5                    ;清零 P3.5,按键的第二行扫描
        MOV     A,P3
        ANL     A,#0FH
        XRL     A,#0FH
```

```
            JZ      NOKEY2
            LCALL   DELY10MS            ;延时 10ms
            MOV     A,P3
            ANL     A,#0FH
            XRL     A,#0FH
            JZ      NOKEY2
            MOV     A,P3
            ANL     A,#0FH
            CJNE    A,#0EH,NK5
            MOV     KEYBUF,#4
            LJMP    DK2
NK5:        CJNE    A,#0DH,NK6          ;K5 键按下
            MOV     KEYBUF,#5
            LJMP    DK2
NK6:        CJNE    A,#0BH,NK7          ;K6 键按下
            MOV     KEYBUF,#6
            LJMP    DK2
NK7:        CJNE    A,#07H,NK8          ;K7 键按下
            MOV     KEYBUF,#7
            LJMP    DK2
NK8:        NOP                         ;K8 键按下
DK2:        MOV     A,KEYBUF
            MOV     B,#2
            MUL     AB                  ;因为查表里都是字,所以乘2的查表数据
            MOV     TEMP,A
            MOV     DPTR,#TABLE         ;指向表头
            MOVC    A,@A+DPTR           ;查表
            MOV     STH0,A
            MOV     TH0,A               ;将数据高位送 TH0
            INC     TEMP
            MOV     A,TEMP
            MOVC    A,@A+DPTR
            MOV     STL0,A
            MOV     TL0,A               ;将数据低位送 TL0
            SETB    TR0                 ;启动定时器 T0
DK2A:       MOV     A,P3
            ANL     A,#0FH
            XRL     A,#0FH
            JNZ     DK2A
            CLR     TR0                 ;关闭定时器 T0
NOKEY2:     MOV     P3,#0FFH            ;设置 P3 口为输入模式
            CLR     P3.6                ;清零 P3.6,按键的第三行扫描
            MOV     A,P3
            ANL     A,#0FH
            XRL     A,#0FH
            JZ      NOKEY3
            LCALL   DELY10MS            ;延时 10ms
            MOV     A,P3
            ANL     A,#0FH
```

```
        XRL     A,#0FH
        JZ      NOKEY3
        MOV     A,P3
        ANL     A,#0FH
        CJNE    A,#0EH,NK9
        MOV     KEYBUF,#8
        LJMP    DK3
NK9:    CJNE    A,#0DH,NK10         ;K9 键按下
        MOV     KEYBUF,#9
        LJMP    DK3
NK10:   CJNE    A,#0BH,NK11         ;K10 键按下
        MOV     KEYBUF,#10
        LJMP    DK3
NK11:   CJNE    A,#07H,NK12         ;K11 键按下
        MOV     KEYBUF,#11
        LJMP    DK3
NK12:   NOP                         ;K12 键按下
DK3:    MOV     A,KEYBUF
        MOV     B,#2
        MUL     AB                  ;因为查表里都是字,所以乘2的查表数据
        MOV     TEMP,A
        MOV     DPTR,#TABLE         ;指向表头
        MOVC    A,@A+DPTR           ;查表
        MOV     STH0,A
        MOV     TH0,A               ;将数据高位送 TH0
        INC     TEMP
        MOV     A,TEMP
        MOVC    A,@A+DPTR
        MOV     STL0,A
        MOV     TL0,A               ;将数据低位送 TL0
        SETB    TR0                 ;启动定时器 T0
DK3A:   MOV     A,P3
        ANL     A,#0FH
        XRL     A,#0FH
        JNZ     DK3A
        CLR     TR0                 ;关闭定时器 T0
NOKEY3: MOV     P3,#0FFH            ;设置 P3 口为输入模式
        CLR     P3.7                ;清零 P3.7,按键的第四行扫描
        MOV     A,P3
        ANL     A,#0FH
        XRL     A,#0FH
        JZ      NOKEY4
        LCALL   DELY10MS            ;延时 10ms
        MOV     A,P3
        ANL     A,#0FH
        XRL     A,#0FH
        JZ      NOKEY4
        MOV     A,P3
        ANL     A,#0FH
```

```
            CJNE    A, #0EH,NK13
            MOV     KEYBUF, #12
            LJMP    DK4
NK13:       CJNE    A, #0DH,NK14        ;K13键按下
            MOV     KEYBUF, #13
            LJMP    DK4
NK14:       CJNE    A, #0BH,NK15        ;K14键按下
            MOV     KEYBUF, #14
            LJMP    DK4
NK15:       CJNE    A, #07H,NK16        ;K15键按下
            MOV     KEYBUF, #15
            LJMP    DK4
NK16:       NOP                         ;K16键按下
DK4:        MOV     A,KEYBUF
            MOV     B, #2
            MUL     AB                  ;因为查表里都是字,所以乘2的查表数据
            MOV     TEMP,A
            MOV     DPTR, #TABLE        ;指向表头
            MOVC    A,@A+DPTR           ;查表
            MOV     STH0,A
            MOV     TH0,A               ;将数据高位送 TH0
            INC     TEMP
            MOV     A,TEMP
            MOVC    A,@A+DPTR
            MOV     STL0,A
            MOV     TL0,A               ;将数据低位送 TL0
            SETB    TR0                 ;启动定时器 T0
DK4A:       MOV     A,P3
            ANL     A, #0FH
            XRL     A, #0FH
            JNZ     DK4A
            CLR     TR0                 ;关闭定时器 T0
NOKEY4:     LJMP    WAIT
DELY10MS:   MOV     R6, #10             ;10ms 延时子程序
D1:         MOV     R7, #248
            DJNZ    R7,$
            DJNZ    R6,D1
            RET
INT_T0:     MOV     TH0,STH0            ;T0 中断服务程序
            MOV     TL0,STL0
            CPL     P1.0                ;输出方波
            RETI
TABLE:      DW      64021,64103,64260,64400   ;低 3, 低 4, 低 5, 低 6
            DW      64524,64580,64684,64777   ;低 7, 中 1, 中 2, 中 3
            DW      64820,64898,64968,65030   ;中 4, 中 5, 中 6, 中 7
            DW      65058,65110,65157,65178   ;高 1, 高 2, 高 3, 高 4
            END
```

3.6 系统仿真及调试

本项目仿真见教学资源"项目3"。
(1) 硬件调试

硬件调试主要是把电路的各种参数调整到符合设计要求。先排除硬件电路故障,包括设计性错误和工艺性故障。一般原则是先静态,后动态。

利用万用表或逻辑测试仪器,检查电路中的各器件以及引脚的连接是否正确,是否有短路故障。

先要将单片机AT89S51芯片取下,对电路板进行通电检查,通过观察看是否有异常,然后用万用表测试各电源电压,这些都没有问题后,接上仿真机进行联机调试,观察各接口线路是否正常。

(2) 软件调试

软件调试是利用仿真工具进行在线仿真调试,除发现和解决程序错误外,也可以发现硬件故障。

单片机AT89S51是系统的核心,利用万用表检测单片机电源V_{CC}(40脚)是否为+5V、晶振是否正常工作(可用示波器测试,也可以用万用表检测两引脚电压,一般为1.8~2.3V)、复位引脚RST(复位时为高电平,单片机工作时为低电平)、$\overline{EA}$是否为高电平,如果合乎要求,单片机就能工作了,再结合电路图,故障检测就很容易了。

项目 4

基于 AT89S51 单片机 LED 点阵显示电子钟的设计

4.1 项目概述

随着科学技术日新月异地发展,单片机已经成为当今计算机应用中空前活跃的领域,在生活中可以说无处不在。基于单片机的 LED 点阵显示电子时钟具有结构简单、性能可靠、价格低和显示灵活等优点,因此得到了广泛应用。

4.2 项目要求

设计一种基于单片机控制的 LED 点阵显示时钟,要求如下:
(1) 时钟的显示由 LED 点阵构成。
(2) 能正确显示时间,上电显示为 12 点。
(3) 时间能够由按键调整。
(4) 计时误差小于 1s。

4.3 系统设计

4.3.1 框图设计

根据设计要求,采用并行方式显示,通过锁存器芯片来扩展 I/O 口,达到控制 LED 点阵的 40 个列线的目的。方案中运用 5 片锁存器 74LS373 来组成 5 组双缓冲寄存器,驱动 LED 点阵的 8 组列线,用 3/8 译码器 74LS138 对 LED 点阵的 8 行进行扫描。在送每一行的数据到 LED 点阵时,先把数据分别送到 5 个 74LS373,然后再把数据一起输出到 LED 点阵列中,送出去的时间数据由 AT89S51 来控制。电子时钟由显示电路、行驱动电路、列驱动电路、中央控制器 AT89S51、按键电路和复位电路组成,系统框图如图 4-1 所示。

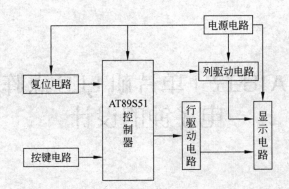

图 4-1 基于 AT89S51 单片机 LED 点阵显示电子钟系统框图

4.3.2 知识点

本项目需要通过学习和查阅资料，了解和掌握以下方面的知识。
- +5V 电源原理及设计。
- 单片机复位电路工作原理及设计。
- 单片机晶振电路工作原理及设计。
- 按键电路的设计。
- 74LS373 锁存驱动器的特性及使用。
- 74LS138 译码器的特性及使用。
- AT89S51 单片机引脚。
- 单片机汇编语言程序设计。

4.4 硬件设计

4.4.1 电路原理图

单片机采用 AT89S51，系统采用高精度的 12MHz 晶振，以获得较高的刷新频率及较准确的时钟频率，使显示稳定和计时准确；采用 RC 上电加按键复位电路；单片机的 P0 口和 P1 口的低 5 位与列驱动器相连，用来送显示数据；P2 口的低 3 位与行驱动器相连，用来送行选信号。

单片机的 P2 口低 3 位输出的行号经 74LS138（3/8 线译码器）译码生成 8 条行扫描，这 8 条信号线所带的驱动能力足以驱动 8 个 LED 显示器，因此不再需要额外地加驱动电路。74LS138 的其他控制引脚按工作状态分别接入相应的高低电平。

列驱动采用的是集成电路 74LS373，它是一个 8 位并入和 8 位并出的带一定驱动能力的锁存器。用 P1 口的低 5 位分别接到第 1 脚作为选通用，连接 P2 口的低 5 位除了作为输出驱动外，主要是起锁存数据的功能，所以 11 脚全部固定接地。

综上所述，可设计出基于单片机 LED 点阵显示电子时钟电路图，如图 4-2 所示。

项目 4 基于 AT89S51 单片机 LED 点阵显示电子钟的设计

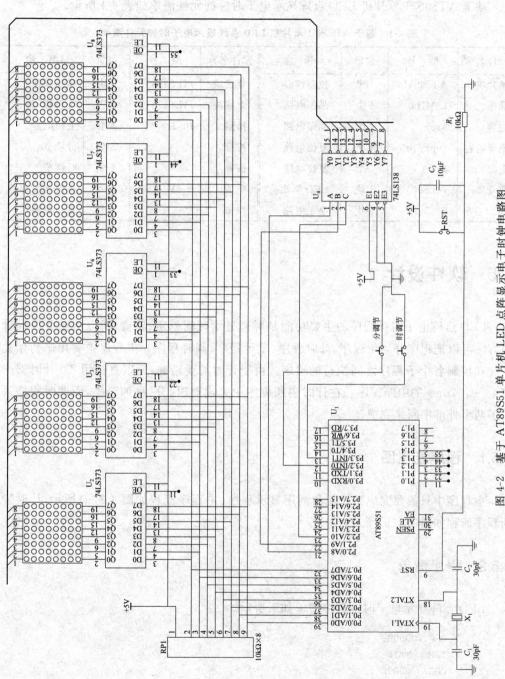

图 4-2 基于 AT89S51 单片机 LED 点阵显示电子钟电路图

4.4.2 元件清单

基于 AT89S51 单片机 LED 点阵显示电子时钟的元件清单如表 4-1 所示。

表 4-1 基于 AT89S51 单片机 LED 点阵显示电子时钟元件清单

元件名称	型号	数量	用途	元件名称	型号	数量	用途
单片机	AT89S51	1个	控制核心	集成块	74LS373	5块	驱动锁存
晶振	12MHz	1个	晶振电路	集成块	74LS138	1块	行扫描
电容	33pF	2个	晶振电路	排阻	10kΩ×8	1个	上拉电阻
电解电容	10μF/10V	1个	复位电路	按键		1个	分调节
电阻	10kΩ	1个	复位电路	按键		1个	时调节
驱动器	74LS07	1块	LED驱动	电源	+5V/0.5A	1个	提供+5V电源
LED点阵	8×8	5块	显示电路	按键		1个	复位电路

4.5 软件设计

LED 点阵电子时钟程序的主要功能是屏幕显示时间稳定、精确,所以按照分块设计的方法可以把程序分为主程序、计时程序、显示程序、调时程序。主程序主要用来初始化系统和控制各个子程序之间执行的顺序。由于计时需要精确,所以直接用 T0 计时器来产生一个 20ms 的中断程序。在计时中断程序中完成对时、分、秒的调整,而调时程序采用了两个外部中断来完成。

4.5.1 程序流程图

主程序中只需要完成初始化和调用显示程序,主程序流程如图 4-3(a)所示,计时中断程序流程如图 4-3(b)所示。

4.5.2 程序清单

LED 点阵显示电子时钟程序清单如下所示。

```
ORG   0000H
LJMP  MAIN
ORG   0003H
LJMP  PINT0
ORG   000BH
LJMP  INTT0
ORG   0013H
```

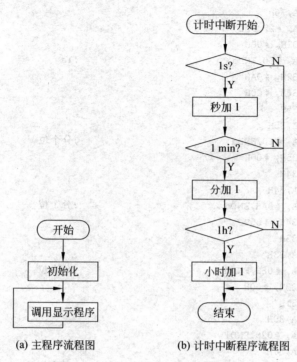

(a) 主程序流程图　　　(b) 计时中断程序流程图

图 4-3　LED 点阵电子时钟程序流程图

```
        LJMP  PINT1
        ORG   0030H
MAIN:   MOV   SP, #60H
        MOV   TMOD, #01H
        MOV   TL0, #0e0H
        MOV   TH0, #0b1H
        MOV   IE, #87H
        MOV   30H, #01H           ;时十位
        MOV   31H, #02H           ;时个位
        MOV   32H, #0AH           ;光标点位
        MOV   33H, #00H           ;分十位
        MOV   34H, #00H           ;分个位
        MOV   35H, #00H           ;秒十位
        MOV   36H, #00H           ;秒个位
        SETB  IT0
        SETB  IT1
        SETB  PT0
        SETB  TR0
LOOP0:  LCALL DISP
        LJMP  LOOP0
INTT0:  MOV   TL0, #0e0H
        MOV   TH0, #0b1H
        PUSH  ACC
        PUSH  PSW
        INC   36H
```

```
              MOV    A,36H
              CJNE   A,#25,PLL
              MOV    32H,#0BH
      PLL:    CJNE   A,#50,ENDd                  ;1s
              MOV    32H,#0AH
              MOV    36H,#00H
              INC    35H
              MOV    A,35H
              CJNE   A,#60,ENDd                  ;分个位
              MOV    35H,#00H
              INC    34H
              MOV    A,34H
              CJNE   A,#0AH,ENDd                 ;分个位
              MOV    34H,#00H
              INC    33H
              MOV    A,33H
              CJNE   A,#06H,ENDd                 ;分十位
              MOV    33H,#00H
              INC    31H
              MOV    A,30H
              CJNE   A,@02H,END1
              MOV    A,31H
              CJNE   A,#04H,END1                 ;时个位
              MOV    31H,#00H
              MOV    30H,#00H
      END1:   MOV    A,31H
              CJNE   A,#0AH,ENDd                 ;时个位
              MOV    31H,#00H
              INC    30H
      ENDd:   POP    PSW
              POP    ACC
              RETI
      DISP:   PUSH   ACC
              PUSH   PSW
              MOV    A,30H                       ;显示要显示的数字
              MOV    B,#08H
              MUL    AB
              MOV    3BH,A
              MOV    R4,#00H
              MOV    R5,#08H
      LOOP00: MOV    A,3BH
              MOV    DPTR,#TABE
              MOVC   A,@A+DPTR
              MOV    P2,R4
              MOV    P0,A
              MOV    P1,#0FEH
              INC    3BH
              INC    R4
              LCALL  DELAY
```

```
            DJNZ   R5,LOOP00
            MOV    A,31H                   ;显示要显示的数字
            MOV    B,#08H
            MUL    AB
            MOV    3BH,A
            MOV    R4,#00H
            MOV    R5,#08H
LOOP11:     MOV    A,3BH
            MOV    DPTR,#TABE
            MOVC   A,@A+DPTR
            MOV    P2,R4
            MOV    P0,A
            MOV    P1,#0FDH
            INC    3BH
            INC    R4
            LCALL  DELAY
            DJNZ   R5,LOOP11
            MOV    A,32H                   ;显示要显示的数字
            MOV    B,#08H
            MUL    AB
            MOV    3BH,A
            MOV    R4,#00H
            MOV    R5,#08H
LOOP22:     MOV    A,3BH
            MOV    DPTR,#TABE
            MOVC   A,@A+DPTR
            MOV    P2,R4
            MOV    P0,A
            MOV    P1,#0FBH
            INC    3BH
            INC    R4
            LCALL  DELAY
            DJNZ   R5,LOOP22
            MOV    A,33H                   ;显示要显示的数字
            MOV    B,#08H
            MUL    AB
            MOV    3BH,A
            MOV    R4,#00H
            MOV    R5,#08H
LOOP33:     MOV    A,3BH
            MOV    DPTR,#TABE
            MOVC   A,@A+DPTR
            MOV    P2,R4
            MOV    P0,A
            MOV    P1,#0F7H
            INC    3BH
            INC    R4
            LCALL  DELAY
            DJNZ   R5,LOOP33
```

```
            MOV    A,34H                    ;显示要显示的数字
            MOV    B,#08H
            MUL    AB
            MOV    3BH,A
            MOV    R4,#00H
            MOV    R5,#08H
LOOP44:     MOV    A,3BH
            MOV    DPTR,#TABE
            MOVC   A,@A+DPTR
            MOV    P2,R4
            MOV    P0,A
            MOV    P1,#0EFH
            INC    3BH
            INC    R4
            LCALL  DELAY
            DJNZ   R5,LOOP44
            POP    PSW
            POP    ACC
            RET
DELAY:      MOV    37H,#50
DEL:        MOV    38H,#4
            DJNZ   38H,$
            DJNZ   37H,DEL
            RET
TABE:              ;0
            DB  00H,18H,24H,24H,24H,24H,18H,00H
                   ;1
            DB  00H,10H,30H,10H,10H,10H,38H,00H
                   ;2
            DB  00H,18H,24H,04H,18H,20H,3CH,00H
                   ;3
            DB  00H,18H,24H,18H,04H,24H,18H,00H
                   ;4
            DB  00H,08H,18H,28H,7CH,08H,08H,00H
                   ;5
            DB  00H,1CH,10H,18H,04H,24H,18H,00H
                   ;6
            DB  00H,18H,24H,38H,24H,24H,18H,00H
                   ;7
            DB  00H,3CH,28H,08H,10H,10H,10H,00H
                   ;8
            DB  00H,18H,24H,18H,24H,24H,18H,00H
                   ;9
            DB  00H,18H,24H,24H,1CH,24H,18H,00H
                   ;:
            DB  00H,00H,18H,18H,00H,18H,18H,00H
                   ;
            DB  00H,00H,00H,00H,00H,00H,00H,00H
            RET
```

```
PINT0:    MOV     4AH,#20
          DJNZ    4AH,$
          JB      P3.2,END_DD
          MOV     36H,#00H
          INC     34H
          MOV     A,34H
          CJNE    A,#0AH,END_DD        ;分个位
          MOV     34H,#00H
          INC     33H
          MOV     A,33H
          CJNE    A,#06H,END_DD        ;分十位
          MOV     33H,#00H
END_DD:   RETI
PINT1:    MOV     4AH,#20
          DJNZ    4AH,$
          JB      P3.3,END_D
          INC     31H
          MOV     A,30H
          CJNE    A,#02H,END_1
          MOV     A,31H
          CJNE    A,#04H,END_1         ;时个位
          MOV     31H,#00H
          MOV     30H,#00H
END_1:    MOV     A,31H
          CJNE    A,#0AH,END_D         ;时个位
          MOV     31H,#00H
          INC     30H
END_D:    RETI
          END     ;结束
```

4.6 系统仿真及调试

本项目的仿真见教学资源"项目 4"。

本项目设计的是一个时钟,使用的晶振精度一定要高。项目中大部分是数字电路,所以不需要过多地调试。主要是注意焊接时不要出现虚焊、连焊现象。完成后作品一般能够正常显示,但显示的时间可能不精确。调试过程主要是调试定时器 T0 的初值,以达到计时的精确性。

项目 5

基于 AT89S51 单片机数字钟的设计

5.1 项目概述

近年来,人们对数字钟的要求越来越高,传统的时钟已不能满足人们的需求。多功能数字钟不管在性能还是在样式上都发生了质的变化,有电子闹钟、数字闹钟等。单片机在多功能数字钟中的应用已是非常普遍,人们对数字钟的功能及工作程序都非常熟悉,但是却很少知道它的内部结构以及工作原理。由单片机作为数字钟的核心控制器,可以通过它的时钟信号进行计时,实现数字钟表的各种功能,将其时间数据经单片机输出,利用显示器显示出来。通过键盘可以进行定时、校时。输出设备显示器可以为液晶显示器或数码管。

5.2 项目要求

设计基于 AT89S51 单片机的数字时钟,晶振采用 12MHz,要求如下:
(1) 启动时显示制作的年、月、日,制作者的专业、学年、学号(这里显示 2008 年 10 月 14 日 A06-3-67),制作者可以设为自己的信息。
(2) 24 小时计时功能(精确到秒)。
(3) 整点报时功能。
(4) 闹钟功能。
(5) 小时/分钟调整功能。
(6) 秒表功能。
(7) 省电模式功能。

5.3 系统设计

5.3.1 框图设计

基于 AT89S51 单片机数字钟由电源电路、单片机主控电路、按键控制电路和蜂鸣器等几部分组成,系统框图如图 5-1 所示。

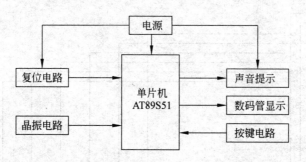

图 5-1　基于 AT89S51 单片机数字钟系统框图

5.3.2　知识点

本项目需要通过学习和查阅资料，了解和掌握以下知识。
- +5V 电源原理及设计。
- 单片机复位电路工作原理及设计。
- 单片机晶振电路工作原理及设计。
- 按键电路的设计。
- 驱动电路 74LS04 的特性及使用。
- 蜂鸣器及其驱动电路的设计。
- 数码管的特性及使用。
- AT89S51 单片机引脚。
- 单片机汇编语言及程序设计。

5.4　硬件设计

5.4.1　电路原理图

基于 AT89S51 单片机数字钟电路原理图如图 5-2 所示。按下 P1.0 口按键，若按下时间小于 1s，则进入省电状态（数码管不亮，时钟不停）；否则进入调分状态，等待操作，此时计时器停止走动。当再按下 P1.0 口按键时，若按下时间小于 0.5s，则时间加 1min；若按下时间大于 0.5s，则进入小时调整状态。按下 P1.1 按键时，可进行减 1 调整。在小时调整状态下，当按键按下的时间大于 0.5s 时，退出时间调整状态，时钟从 0s 开始计时。

在正常时钟状态下，若按下 P1.1 口按键，则进行时钟/秒显示功能的转换，秒表中断计时程序启动，显示地址改为 60H，LED 将显示秒表计时单元 60H～65H 中的数据。按下 P1.2 口的按键开关，可实现秒表清零、秒表启动、秒表暂停功能；当再按下 P1.1 口按键时，关闭 T1 秒表中断计时，显示首址又改为 70H，恢复正常时间的显示功能。

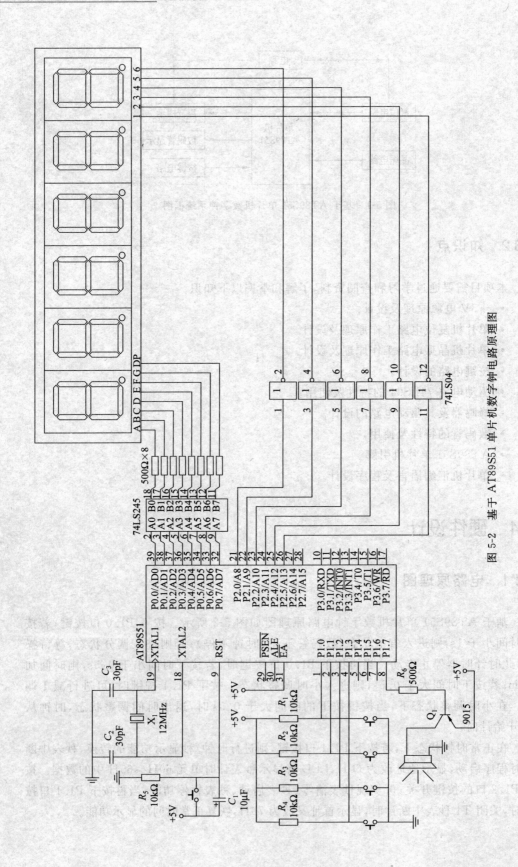

图 5-2 基于 AT89S51 单片机数字钟电路原理图

5.4.2 元件清单

基于 AT89S51 单片机数字钟的元件清单如表 5-1 所示。

表 5-1 基于 AT89S51 单片机数字钟元件清单

元件名称	型号	数量	用途	元件名称	型号	数量	用途
单片机	AT89S51	1个	控制核心	数码管	8段6位	1个	显示电路
晶振	12MHz	1个	晶振电路	电阻	500Ω	8个	
电容	30pF	2个		集成块	74LS04	1个	
电解电容	10μF/10V	1个	复位电路		74LS245	1个	
电阻	10kΩ	1个		电阻	4.7kΩ	1个	蜂鸣器及其驱动电路
按键		1个		蜂鸣器	DC5V	1个	
电源	+5V/0.5A	1个	提供+5V电源	三极管	9015	1个	
电阻	10kΩ	4个	按键电路				
按键		4个					

5.5 软件设计

5.5.1 程序流程图

(1) 主程序流程图如图 5-3 所示，其中初始化时加载制作的年、月、日，制作者的专业、学年、学号(2008 年 10 月 14 日 A06-3-67)的数据。

(2) 秒计时程序。秒计时由定时器 T0 完成，其流程图如图 5-4 所示。

(3) 秒表、调时指示程序。秒表、调时由定时器 T1 完成，其程序流程图如图 5-5 所示。

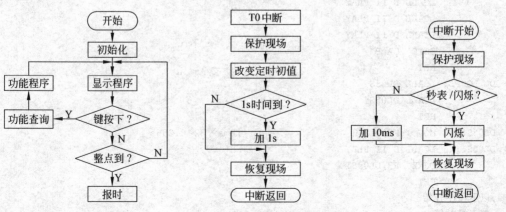

图 5-3 主程序流程图　　图 5-4 秒计时程序流程图　　图 5-5 秒表、调时指示程序流程图

5.5.2 程序清单

AT89S51 单片机数字钟程序清单如下所示。

```
        DISBEG  EQU 30H                 ;显示单元首地址
        CALB    EQU P1.7                ;报警喇叭
        TIMCON  EQU 2FH                 ;存放报时次数
        ORG     0000H                   ;程序开始
        LJMP    MAIN
        ORG     0003H                   ;关外中断 0
        RETI
        ORG     000BH                   ;定时器 T0 中断程序入口
        LJMP    INTT0                   ;跳至 INTT0 执行
        ORG     0013H                   ;关中断 1
        RETI
        ORG     001BH                   ;定时器 T1 中断程序入口
        LJMP    INTT1                   ;跳至 INTT1 执行
        ORG     0023H                   ;关串行中断
        RETI
TAB:    DB 0C0H,0F9H,0A4H,0B0H,99H,92H,82H,0F8H,80H,90H,0FFH,88H,0BFH
;共阳段码表 "0""1""2""3""4""5""6""7""8""9""不亮""A""-"
I_TAB:  DB 0C0H,0F9H,0A4H,0B0H,99H,92H,82H,0F8H,80H,90H,0FFH,0C6H,0BFH,88H
;显示数 "0    1    2    3    4    5    6    7    8    9   不亮  C - A"
;内存数 "0    1    2    3    4    5    6    7    8    9   0AH 0BH 0CH 0DH"
;STAB 表,启动时显示 2008 年 10 月 14 日、A06-3-67(学号)用
STAB:   DB 0AH,0AH,0AH,0AH,0AH,0AH,07H,06H,0CH,03H,0CH,06H,00H,0DH,0AH,0AH
        DB 04H,01H,0CH,00H,01H,0CH,08H,00H,00H,02H,0AH,0AH,0AH,0AH,0AH,0AH
DLY1M:  MOV     R6,#14H                 ;1ms 延时
DL_LOOP: MOV    R7,#19H
DL_LOOP1: DJNZ  R7,DL_LOOP1
        DJNZ    R6,DL_LOOP
        RET
DLY20M: CLR     CALB                    ;20ms 延时
        LCALL   D_II_PLAY
        LCALL   D_II_PLAY
        LCALL   D_II_PLAY
        SETB    CALB
        RET
DL_LOOPS: LCALL DL05S
        LCALL   DL05S
        RET
DL05S:  MOV     R3,#20H                 ;8ms×32=0.256s
DL05S1: LCALL   D_II_PLAY
        DJNZ    R3,DL05S1
        RET
;以下程序开始
;整点报时用
CTIME:  MOV     A,#10H
```

```
                MOV     B,79H
                MUL     AB
                ADD     A,78H
                MOV     TIMCON,A
    CLOOP:      LCALL   DLY20M
                LCALL   DL_LOOPS
                LCALL   DL_LOOPS
                LCALL   DL_LOOPS
                DJNZ    TIMCON,CLOOP
                CLR     08H                     ;清整点报时标志
;主程序开始
    MAIN:       LCALL   ST                      ;上电显示年、月、日及班级、学号
                MOV     R0,#00H                 ;清 00H~7FH 内存单元
                MOV     R7,#80H
    MLOOP:      MOV     @R0,#00H
                INC     R0
                DJNZ    R7,MLOOP
                MOV     20H,#00H                ;清 20H(标志用)
                MOV     7AH,#0AH                ;放入"熄灭符"数据
                MOV     TMOD,#11H               ;设 T0、T1 为 16 位定时器
                MOV     TL0,#0B0H               ;50ms 定时初值(T0 计时用)
                MOV     TH0,#3CH                ;50ms 定时初值
                MOV     TL1,#0B0H               ;50ms 定时初值(T1 闪烁定时用)
                MOV     TH1,#3CH                ;50ms 定时初值
                SETB    EA                      ;总中断开放
                SETB    ET0                     ;允许 T0 中断
                SETB    TR0                     ;开启 T0 定时器
                MOV     R4,#14H                 ;1s 定时用计数值(50ms×20)
                MOV     DISBEG,#70H             ;显示单元为 70H~75H
    MLOOP1:     LCALL   D_II_PLAY               ;调用显示子程序
                JNB     P1.0,T_SETSC            ;P1.0 口为 0 时转时间调整程序
                JNB     P1.1,DLY5               ;秒表功能,P1.1 按键调时时作减 1 加能
                JNB     P1.2,FUNBT              ;秒表 STOP、PUSE、CLR
                JNB     P1.3,TSET               ;定时闹铃设定
                JB      08H,CTIME
                AJMP    MLOOP1                  ;P1.0 口为 1 时跳回 MLOOP1
    FUNBT:      LJMP    DLY6
;以下为闹铃时间设定程序,按 P1.3 进入设定
    TSET:       LCALL   DLY20M
                JB      P1.3,MLOOP1
    TS_LOOP:    JNB     P1.3,TS_LOOP            ;等待键释放
                JB      05H,CLRBELL             ;如果闹铃已开,关闹铃
                MOV     DISBEG,#50H             ;进入闹铃设定程序,显示 50H~55H 闹钟定时单元
                MOV     50H,#0CH                ;"-" 闹铃设定时显示格式 00:00:-
                MOV     51H,#0AH                ;"黑"
    MINCHG:     SETB    EA
                LCALL   D_II_PLAY
                JNB     P1.2,DLY1               ;分加 1
                JNB     P1.0,DLY3               ;分减 1
```

```
          JNB     P1.3,DLY            ;进入时调整
          AJMP    MINCHG
CLRBELL:  CLR     05H                 ;关闹铃标志
          CLR     CALB
          AJMP    MLOOP1
DLY:      LCALL   DLY20M              ;消抖
          JB      P1.3, MINCHG
          LJMP    DLY8                ;进入时调整
T_SETSC:  LJMP    R_SETTIM            ;转到时间调整程序 R_SETTIM
DLY1:     LCALL   DLY20M              ;消抖
          JB      P1.2, MINCHG
DLY2:     LCALL   D_II_PLAY           ;等键释放
          JNB     P1.2, DLY2
          CLR     EA
          MOV     R0, #53H
          LCALL   ADD_1               ;闹铃设定分加 1
          MOV     A,R3                ;分数据放入 A
          CLR     C                   ;清进位标志
          CJNE    A, #60H, ADD_M
ADD_M:    JC      MINCHG              ;小于 60 分时返回
          ACALL   CLR_H               ;大于或等于 60 分时,分计时单元清零
          AJMP    MINCHG
DLY3:     LCALL   DLY20M              ;消抖
          JB      P1.0, MINCHG
DLY4:     LCALL   D_II_PLAY           ;等键释放
          JNB     P1.0, DLY4
          CLR     EA
          MOV     R0, #53H
          LCALL   SUB_M               ;闹铃设定分减 1
          LJMP    MINCHG
;以下为秒表功能/时钟转换程序
;按 P1.1 可进行功能转换
DLY5:     LCALL   DLY20M
          JB      P1.1,T_MLOOP1
          JNB     P1.1,$
          CPL     03H
          JNB     03H,DIS_SET
          MOV     DISBEG, #60H        ;显示秒表数据单元
          MOV     60H, #00H
          MOV     61H, #00H
          MOV     62H, #00H
          MOV     63H, #00H
          MOV     64H, #00H
          MOV     65H, #00H
          MOV     TL1, #0F0H          ;10ms 定时初值
          MOV     TH1, #0D8H          ;10ms 定时初值
          SETB    TR1
          SETB    ET1
T_MLOOP1: LJMP    MLOOP1
```

```
DIS_SET:       MOV       DISBEG,#70H          ;显示时钟数据单元
               CLR       ET1
               CLR       TR1
T_MLOOP11:     LJMP      MLOOP1
;以下为秒表暂停/清零功能程序
;按P1.2暂停或清零,按P1.1退出秒表,回到时钟计时
DLY6:          LCALL     DLY20M
               JB        P1.2,T_MLOOP11
T_EST11:       JNB       P1.2,T_EST11
               CLR       ET1
               CLR       TR1
T_EST22:       JNB       P1.1,DLY5
               JB        P1.2,T_EST21
               LCALL     DLY20M
               JB        P1.2,T_EST22
T_EST55:       JNB       P1.2,T_EST51
               MOV       60H,#00H
               MOV       61H,#00H
               MOV       62H,#00H
               MOV       63H,#00H
               MOV       64H,#00H
               MOV       65H,#00H
T_EST33:       JNB       P1.1,DLY5
               JB        P1.2,T_EST31
               LCALL     DLY20M
               JB        P1.2,T_EST33
T_EST44:       JNB       P1.2,T_EST41
               SETB      ET1
               SETB      TR1
               AJMP      MLOOP1
;以下为键等待释放时显示不会熄灭用
T_EST411:      LCALL     D_II_PLAY
               AJMP      T_EST11
T_EST21:       LCALL     D_II_PLAY
               AJMP      T_EST22
T_EST31:       LCALL     D_II_PLAY
               AJMP      T_EST33
T_EST41:       LCALL     D_II_PLAY
               AJMP      T_EST44
T_EST51:       LCALL     D_II_PLAY
               AJMP      T_EST55
;1s计时程序
;T0中断服务程序
INTT0:         PUSH      ACC                  ;累加器入栈保护
               PUSH      PSW                  ;状态字入栈保护
               CLR       ET0                  ;关T0中断允许
               CLR       TR0                  ;关闭定时器T0
               MOV       A,#0B7H              ;中断响应时间同步修正
               ADD       A,TL0                ;低8位初值修正
```

	MOV	TL0,A	;重装初值(低 8 位修正值)
	MOV	A,#3CH	;高 8 位初值修正
	ADDC	A,TH0	
	MOV	TH0,A	;重装初值(高 8 位修正值)
	SETB	TR0	;开启定时器 T0
	DJNZ	R4,I_INT0	;20 次中断未到,中断退出
A_DDS:	MOV	R4,#14H	;20 次中断到(1s),重赋初值
	CPL	07H	;闹铃时间隔鸣叫
	MOV	R0,#71H	;指向秒计时单元(71H 和 72H)
	ACALL	ADD_1	;调用加 1 程序(加 1s 操作)
	MOV	A,R3	;秒数据放入 A(R3 为 2 位十进制数组合)
	CLR	C	;清进位标志
	CJNE	A,#60H,A_DDM	
A_DDM:	JC	I_INT0	;小于 60s 时,中断退出
	ACALL	CLR_H	;大于或等于 60s 时,对秒计时单元清零
	MOV	R0,#77H	;指向分计时单元(76H 和 77H)
	ACALL	ADD_1	;分计时单元加 1min
	MOV	A,R3	;分数据放入 A
	CLR	C	;清进位标志
	CJNE	A,#60H,A_DDH	
A_DDH:	JC	I_INT0	;小于 60min 时,中断退出
	ACALL	CLR_H	;大于或等于 60min 时,分计时单元清零
	LCALL	DLY20M	;正点报时
	SETB	08H	
	MOV	R0,#79H	;指向小时计时单元(78H 和 79H)
	ACALL	ADD_1	;小时计时单元加 1h
	MOV	A,R3	;时数据放入 A
	CLR	C	;清进位标志
	CJNE	A,#24H,RSTART	
RSTART:	JC	I_INT0	;小于 24h,中断退出
	ACALL	CLR_H	;大于或等于 24h,小时计时单元清零
I_INT0:	MOV	72H,76H	;中断退出时将分、时计时单元数据移
	MOV	73H,77H	;入对应显示单元
	MOV	74H,78H	
	MOV	75H,79H	
	LCALL	BELL	
	POP	PSW	;恢复状态字(出栈)
	POP	ACC	;恢复累加器
	SETB	ET0	;开放 T0 中断
	RETI		;中断返回

;闪动调时程序/秒表功能程序
;T1 中断服务程序,用作时间调整时调整单元闪烁指示或秒表计时

	PUSH	ACC	;中断现场保护
INTT1:	PUSH	PSW	
	JB	03H,R_ADDS	;=1 时秒表
	MOV	TL1,#0B0H	;装定时器 T1 定时初值
	MOV	TH1,#3CH	
	DJNZ	R2,I_INT1	;0.3s 未到退出中断(50ms 中断 6 次)

	MOV	R2, #06H	;重装 0.3s 定时用初值
	CPL	02H	;0.3s 定时到时,闪烁标志取反
	JB	02H,FLASH0	;02H 位为 1 时,显示单元"熄灭"
	MOV	72H,76H	;02H 位为 0 时,正常显示
	MOV	73H,77H	
	MOV	74H,78H	
	MOV	75H,79H	
I_INT1:	POP	PSW	;恢复现场
	POP	ACC	
	RETI		;中断退出
FLASH0:	JB	01H,FLASH1	;01H 位为 1 时,转小时熄灭控制
	MOV	72H,7AH	;01H 位为 0 时,"熄灭符"数据放入分
	MOV	73H,7AH	;显示单元(72H 和 73H),将不显示分数据
	MOV	74H,78H	
	MOV	75H,79H	
	AJMP	I_INT1	;转中断退出
FLASH1:	MOV	72H,76H	;01H 位为 1 时,"熄灭符"数据放入小时
	MOV	73H,77H	;显示单元(74H 和 75H),小时将不显示
	MOV	74H,7AH	
	MOV	75H,7AH	
	AJMP	I_INT1	;转中断退出
R_ADDS:	CLR	TR1	
	MOV	A, #0F7H	;中断响应时间同步修正,重装初值(10ms)
	ADD	A,TL1	;低 8 位初值修正
	MOV	TL1,A	;重装初值(低 8 位修正值)
	MOV	A, #0D8H	;高 8 位初值修正
	ADDC	A,TH1	
	MOV	TH1,A	;重装初值(高 8 位修正值)
	SETB	TR1	;开启定时器 T0
	MOV	R0, #61H	;指向秒计时单元(71H 和 72H)
	ACALL	ADD_1	;调用加 1 程序(加 1s 操作)
	CLR	C	
	MOV	A,R3	
	JZ	R_ADDM	;加 1 后为 00,C=0
	AJMP	I_INT01	;加 1 后不为 00,C=1
R_ADDM:	ACALL	CLR_H	;大于或等于 60s 时,对秒计时单元清零
	MOV	R0, #63H	;指向分计时单元(76H 和 77H)
	ACALL	ADD_1	;分计时单元加 1min
	MOV	A,R3	;分数据放入 A
	CLR	C	;清进位标志
	CJNE	A, #60H,R_ADDH	
R_ADDH:	JC	I_INT01	;小于 60min 时,中断退出
	LCALL	CLR_H	;大于或等于 60min 时,分计时单元清零
	MOV	R0, #65H	;指向小时计时单元(78H 和 79H)
	ACALL	ADD_1	;小时计时单元加 1h
I_INT01:	POP	PSW	;恢复状态字(出栈)
	POP	ACC	;恢复累加器
	RETI		;中断返回

;加 1 子程序

```
ADD_1:      MOV    A,@R0              ;取当前计时单元数据到A
            DEC    R0                 ;指向前一地址
            SWAP   A                  ;A中数据高4位与低4位交换
            ORL    A,@R0              ;前一地址中数据放入A中低4位
            ADD    A,#01H             ;A加1操作
            DA     A                  ;十进制调整
            MOV    R3,A               ;移入R3寄存器
            ANL    A,#0FH             ;高4位变0
            MOV    @R0,A              ;放回前一地址单元
            MOV    A,R3               ;取回R3中暂存数据
            INC    R0                 ;指向当前地址单元
            SWAP   A                  ;A中数据高4位与低4位交换
            ANL    A,#0FH             ;高4位变0
            MOV    @R0,A              ;数据放入当前地址单元中
            RET                       ;子程序返回
;分减1子程序
SUB_M:      MOV    A,@R0              ;取当前计时单元数据到A
            DEC    R0                 ;指向前一地址
            SWAP   A                  ;A中数据高4位与低4位交换
            ORL    A,@R0              ;前一地址中数据放入A中低4位
            JZ     SUB_M1
            DEC    A                  ;A减1操作
SUB_M11:    MOV    R3,A               ;移入R3寄存器
            ANL    A,#0FH             ;高4位变0
            CLR    C                  ;清进位标志
            SUBB   A,#0AH
SUB_M111:   JC     SUB_M110
            MOV    @R0,#09H           ;大于等于0AH,为9
SUB_M10:    MOV    A,R3               ;取回R3中暂存数据
            INC    R0                 ;指向当前地址单元
            SWAP   A                  ;A中数据高4位与低4位交换
            ANL    A,#0FH             ;高4位变0
            MOV    @R0,A              ;数据放入当前地址单元中
            RET                       ;子程序返回
SUB_M1:     MOV    A,#59H
            AJMP   SUB_M11
SUB_M110:   MOV    A,R3               ;移入R3寄存器
            ANL    A,#0FH             ;高4位变0
            MOV    @R0,A
            AJMP   SUB_M10
;时减1子程序
SUB_H:      MOV    A,@R0              ;取当前计时单元数据到A
            DEC    R0                 ;指向前一地址
            SWAP   A                  ;A中数据高4位与低4位交换
            ORL    A,@R0              ;前一地址中数据放入A中低4位
            JZ     SUB_H1             ;00减1为23(小时)
            DEC    A                  ;A减1操作
SUB_H11:    MOV    R3,A               ;移入R3寄存器
            ANL    A,#0FH             ;高4位变0
```

```
              CLR    C                        ;清进位标志
              SUBB   A,#0AH                   ;时个位大于9,为9
SUB_H111:     JC     SUB_H110
              MOV    @R0,#09H                 ;大于等于0AH,为9
SUB_H10:      MOV    A,R3                     ;取回R3中暂存数据
              INC    R0                       ;指向当前地址单元
              SWAP   A                        ;A中数据高4位与低4位交换
              ANL    A,#0FH                   ;高4位变0
              MOV    @R0,A                    ;时十位数据放入
              RET                             ;子程序返回
SUB_H1:       MOV    A,#23H
              AJMP   SUB_H11
SUB_H110:     MOV    A,R3                     ;时个位小于0,A不处理
              ANL    A,#0FH                   ;高4位变0
              MOV    @R0,A                    ;个位移入
              AJMP   SUB_H10
;清零程序
;对计时单元复零用
CLR_H:        CLR    A                        ;清累加器
              MOV    @R0,A                    ;清当前地址单元
              DEC    R0                       ;指向前一地址
              MOV    @R0,A                    ;前一地址单元清零
              RET                             ;子程序返回
;时钟时间调整程序
;当调时按键按下时进入此程序
R_SETTIM:     CLR    ET0                      ;关定时器T0中断
              CLR    TR0                      ;关闭定时器T0
              LCALL  DL_LOOPS                 ;调用1s延时程序
              LCALL  DLY20M                   ;消抖
              JB     P1.0,SLEEP               ;键按下时间小于1s,关闭显示(省电)
              MOV    R2,#06H                  ;进入调时状态,赋闪烁定时初值
              MOV    70H,#00H                 ;调时时秒单元为00s
              MOV    71H,#00H
              SETB   ET1                      ;允许T1中断
              SETB   TR1                      ;开启定时器T1
SET_2:        JNB    P1.0,SET_1               ;P1.0口为0(键未释放),等待
              SETB   00H                      ;键释放,分调整闪烁标志置1
SET_4:        JB     P1.0,SET_3               ;等待键按下
              LCALL  DL05S                    ;有键按下,延时0.5s
              LCALL  DLY20M                   ;消抖
              JNB    P1.0,R_SETHH             ;按下时间大于0.5s,转调小时状态
              MOV    R0,#77H                  ;按下时间小于0.5s,加1分钟操作
              LCALL  ADD_1                    ;调用加1子程序
              MOV    A,R3                     ;取调整单元数据
              CLR    C                        ;清进位标志
              CJNE   A,#60H,SET_LOOP          ;调整单元数据与60比较
SET_LOOP:     JC     SET_4                    ;调整单元数据小于60,转SET_4循环
              LCALL  CLR_H                    ;调整单元数据大于或等于60时,清零
              CLR    C                        ;清进位标志
```

```
                AJMP    SET_4                   ;跳转到 SET_4 循环
SLEEP:          SETB    ET0                     ;省电(LED不显示)状态,开 T0 中断
                SETB    TR0                     ;开启 T0 定时器(开时钟)
SET_LOOP1:      JB      P1.0,SET_LOOP1          ;无按键按下,等待
                LCALL   DLY20M                  ;消抖
                JB      P1.0,SET_LOOP1          ;是干扰,返回 SET_LOOP1 等待
SET_LOOP2:      JNB     P1.0,SET_LOOP2          ;等待键释放
                LJMP    MLOOP1                  ;返回主程序(LED数据显示亮)
R_SETHH:        CLR     00H                     ;分闪烁标志清除(进入调小时状态)
                SETB    01H                     ;小时调整标志置 1
SET_LOOP3:      JNB     P1.0,SET_5              ;等待键释放
SET_6:          JB      P1.0,SET_7              ;等待键按下
                LCALL   DL05S                   ;有键按下,延时 0.5s
                LCALL   DLY20M                  ;消抖
                JNB     P1.0,STOP               ;按下时间大于 0.5s,退出时间调整
                MOV     R0,#79H                 ;按下时间小于 0.5s,加 1 小时操作
                LCALL   ADD_1                   ;调加 1 子程序
                MOV     A,R3
                CLR     C
                CJNE    A,#24H,C_YHH            ;计时单元数据与 24 比较
C_YHH:          JC      SET_6                   ;小于 24,转 SET_6 循环
                LCALL   CLR_H                   ;大于或等于 24 时,清零操作
                AJMP    SET_6                   ;跳转到 SET_6 循环
STOP:           JNB     P1.0,STOP1              ;调时退出程序,等待键释放
                LCALL   DLY20M                  ;消抖
                JNB     P1.0,STOP               ;是抖动,返回 STOP 再等待
                CLR     01H                     ;清调小时标志
                CLR     00H                     ;清调分标志
                CLR     02H                     ;清闪烁标志
                CLR     TR1                     ;关闭定时器 T1
                CLR     ET1                     ;关定时器 T1 中断
                SETB    TR0                     ;开启定时器 T0
                SETB    ET0                     ;开定时器 T0 中断(计时开始)
                LJMP    MLOOP1                  ;跳回主程序
SET_1:          LCALL   D_II_PLAY               ;键释放等待时调用显示程序(调分)
                AJMP    SET_2                   ;防止键按下时无时钟显示
SET_3:          LCALL   D_II_PLAY               ;等待调分按键时时钟显示用
                JNB     P1.1,DLY7               ;减 1 分操作
                AJMP    SET_4                   ;调分等待
SET_5:          LCALL   D_II_PLAY               ;键释放等待时调用显示程序(调小时)
                AJMP    SET_LOOP3               ;防止键按下时无时钟显示
SET_7:          LCALL   D_II_PLAY               ;等待调小时按键时时钟显示用
                JNB     P1.1,DLY7B              ;小时减 1 操作
                AJMP    SET_6                   ;调时等待
STOP1:          LCALL   D_II_PLAY               ;退出时钟调整时键释放等待
                AJMP    STOP                    ;防止键按下时无时钟显示
;分减 1 程序
DLY7:           LCALL   DLY20M                  ;消抖
                JB      P1.1,SET_41             ;干扰,返回调分等待
```

```
DLY7_M:     JNB     P1.1,DLY7_M              ;等待键放开
            MOV     R0,#77H
            LCALL   SUB_M                    ;分减1程序
            LJMP    SET_4                    ;返回调分等待
SET_41:     LJMP    SET_4
;时减1程序
DLY7B:      LCALL   DLY20M                   ;消抖
            JB      P1.1,SET_61              ;干扰,返回调时等待
DLY7_H:     JNB     P1.1,DLY7_H              ;等待键放开
            MOV     R0,#79H
            LCALL   SUB_H                    ;时减1程序
            LJMP    SET_6                    ;返回调时等待
SET_61:     LJMP    SET_6
;显示程序
;显示数据在70H~75H单元内,用6位LED共阳极数码管显示,P0口输出段码数据,P2口作
;扫描控制,每个LED数码管亮1ms时间再逐位循环
D_II_PLAY:  MOV     R1,DISBEG                ;指向显示数据首址
            MOV     R5,#0FEH                 ;扫描控制字初值
PLAY:       MOV     A,R5                     ;扫描字放入A
            MOV     P2,A                     ;从P2口输出
            MOV     A,@R1                    ;取显示数据到A
            MOV     DPTR,#TAB                ;取段码表地址
            MOVC    A,@A+DPTR                ;查显示数据对应段码
            MOV     P0,A                     ;段码放入P0口
            MOV     A,R5
            JB      ACC.2,D_LOOP             ;小数点处理
            CLR     P0.7
D_LOOP:     JB      ACC.4,D_LOOP1            ;小数点处理
            CLR     P0.7
D_LOOP1:    LCALL   DLY1M                    ;显示1ms
            INC     R1                       ;指向下一地址
            MOV     A,R5                     ;扫描控制字放入A
            JNB     ACC.5,CLOSE              ;ACC.5=0时一次显示结束
            RL      A                        ;A中数据循环左移
            MOV     R5,A                     ;放回R5内
            MOV     P0,#0FFH
            AJMP    PLAY                     ;跳回PLAY循环
CLOSE:      MOV     P2,#0FFH                 ;一次显示结束,P2口复位
            MOV     P0,#0FFH                 ;P0口复位
            RET                              ;子程序返回
;上电显示子程序
;不带小数点显示,有"A""-"显示功能
SD_II_PLAY: MOV     R1,DISBEG
            MOV     R5,#0FEH                 ;扫描控制字初值
I_PLAY:     MOV     A,R5                     ;扫描字放入A
            MOV     P2,A                     ;从P2口输出
            MOV     A,@R1                    ;取显示数据到A
            MOV     DPTR,#I_TAB              ;取段码表地址
            MOVC    A,@A+DPTR                ;查显示数据对应段码
```

```asm
              MOV    P0,A                      ;段码放入 P0 口
              MOV    A,R5
              LCALL  DLY1M                     ;显示 1ms
              INC    R1                        ;指向下一地址
              MOV    A,R5                      ;扫描控制字放入 A
              JNB    ACC.5,CLOSES              ;ACC.5=0 时,一次显示结束
              RL     A                         ;A 中数据循环左移
              MOV    R5,A                      ;放回 R5 内
              AJMP   I_PLAY                    ;跳回 PLAY 循环
CLOSES:       MOV    P2,#0FFH                  ;一次显示结束,P2 口复位
              MOV    P0,#0FFH                  ;P0 口复位
              RET                              ;子程序返回
;上电时显示年、月、班级用
ST:           MOV    R0,#40H                   ;将显示内容移入 40H~5FH 单元
              MOV    R2,#20H
              MOV    R3,#00H
              CLR    A
              MOV    DPTR,#STAB
S_LOOP:       MOVC   A,@A+DPTR
              MOV    @R0,A
              MOV    A,R3
              INC    A
              MOV    R3,A
              INC    R0
              DJNZ   R2,S_LOOP                 ;移入完毕
              MOV    DISBEG,#40H               ;以下程序从左往右移
SS_LOOP:      MOV    R2,#50                    ;控制移动速度
SS_LOOP1:     LCALL  SD_II_PLAY
              DJNZ   R2,SS_LOOP1
              INC    DISBEG
              MOV    A,DISBEG
              CJNE   A,#5AH,SS_LOOP
              MOV    DISBEG,#5AH               ;以下程序从右往左移
              MOV    R3,#1BH                   ;显示 27 个单元
SS_LOOP2:     MOV    R2,#32H                   ;控制移动速度
SS_LOOP12:    LCALL  SD_II_PLAY
              DJNZ   R2,SS_LOOP12
              DEC    DISBEG
              DJNZ   R3,SS_LOOP2
              RET
;闹铃时间设定程序中的时调整程序
DLY8:         LCALL  D_II_PLAY                 ;等待键释放
              JNB    P1.3,DLY8
              MOV    50H,#0AH                  ;时调整时显示为 00:00:-.
              MOV    51H,#0CH
R_BTIM:       SETB   EA
              LCALL  D_II_PLAY
              JNB    P1.2,DLY12                ;时加 1 键
              JNB    P1.0,DLY14                ;时减 1
```

```
              JNB      P1.3,DLY9              ;闹铃设定退出键
              JNB      P1.1,DLY10             ;闹铃设定有效或无效按键
              AJMP     R_BTIM
DLY9:         LCALL    DLY20M                 ;消抖
              JB       P1.3,R_BTIM
DLY8M:        LCALL    D_II_PLAY              ;键释放等待
              JNB      P1.3,DLY8M
              MOV      DISBEG,#70H
              LJMP     MLOOP1
DLY10:        LCALL    DLY20M                 ;消抖
              JB       P1.1,R_BTIM
DLY11:        LCALL    D_II_PLAY              ;键释放等待
              JNB      P1.1,DLY11
              CPL      05H
              JNB      05H,R_BTIM11
              MOV      50H,#00H               ;05H=1,闹铃开,显示为 00:00:0
              AJMP     R_BTIM
R_BTIM11:     MOV      50H,#0aH               ;闹铃不开,显示为 00:00:-.
              AJMP     R_BTIM
DLY12:        LCALL    DLY20M                 ;消抖
              JB       P1.2,R_BTIM
DLY13:        LCALL    D_II_PLAY              ;键释放等待
              JNB      P1.2,DLY13
              CLR      EA
              MOV      R0,#55H
              LCALL    ADD_1
              MOV      A,R3
              CLR      C
              CJNE     A,#24H,A_DDH33N
A_DDH33N:     JC       R_BTIM                 ;小于 24 点,返回
              ACALL    CLR_H                  ;大于等于 24 点,清零
              AJMP     R_BTIM
DLY14:        LCALL    DLY20M                 ;消抖
              JB       P1.0,R_BTIM
DLY15:        LCALL    D_II_PLAY              ;键释放等待
              JNB      P1.0,DLY15
              CLR      EA
              MOV      R0,#55H
              LCALL    SUB_H
              LJMP     R_BTIM
;闹铃判断子程序
BELL:         JNB      05H,BBELL              ;05H=1,闹钟开,要比较数据
              MOV      A,79H                  ;从时十位、时个位、分十位、分个位顺序比较
              CJNE     A,55H,BBELL
              MOV      A,78H
              CLR      C
BELL_1:       CJNE     A,54H,BBELL
              MOV      A,77H
              CLR      C
```

```
        CJNE    A,53H,BBELL
        MOV     A,76H
        CLR     C
BELL_2: CJNE    A,52H,BBELL
        JNB     07H,BBELL           ;07H在1s到时会取反
        CLR     CALB                ;时分相同时鸣叫(1s间隔叫)
        RET
BBELL:  SETB    CALB                ;闹铃不开
        RET
        END
```

5.6 系统仿真及调试

本项目仿真见教学资源"项目5"。

应用系统设计完成之后,就要进行硬件调试和软件调试了。软件调试可以利用开发及仿真系统进行调试。硬件调试主要是把电路的各种参数调整到符合设计要求。先排除硬件电路故障,包括设计性错误和工艺性故障。一般原则是先静态,后动态。

(1) 硬件调试

先要将单片机AT89S51芯片取下,对电路板进行通电检查,通过观察看是否有异常,是否有虚焊的情况,然后用万用表测试各电源电压,这些都没有问题后,接上仿真机进行联机调试,观察各接口线路是否正常。

(2) 软件调试

软件调试是利用仿真工具进行在线仿真调试,除发现和解决程序错误外,也可以发现硬件故障。

程序调试要求一个模块一个模块地进行,一个子程序一个子程序地调试,最后连起来统调。在单片机上把各模块程序分别进行调试直到全部正确无误,用系统编程器将程序固化到AT89S51的FLASH ROM中,接上电源脱机运行。

项目 6

基于 AT89S51 单片机万年历的设计

6.1 项目概述

随着社会的快速发展、时间的流逝,从观察太阳、摆钟到现在的单片机电子钟,人类不断研究、不断创新纪录,单片机电子万年历已成为当今人类准确、快速获取时间信息的重要工具之一。而单片机电子万年历的设计制作不仅是顺应市场需求,同时也是单片机课程设计最实用的课题之一。本项目设计的单片机万年历经过多次硬件和软件的修改,其功能更强大,精确度更高。

6.2 项目要求

设计基于 AT89S51 单片机的电子万年历,采用高精度 12MHz 晶振,要求如下:
(1) 同时显示公历年、月、日、星期、时、分、秒和农历月、日。
(2) 具有较高的精确度,一年的误差为 1s 以下。
(3) 具有时间校准等功能。

6.3 系统设计

6.3.1 框图设计

按照系统设计的要求和功能,将系统分为主控模块、按键扫描模块、LED 显示模块、电源电路、复位电路、晶振电路、驱动电路等几个模块,系统组成框图如图 6-1 所示。主控模块采用 AT89S51 单片机,按键模块只用了两个按键,用于调整时间,显示模块采用7段共阳极 LED 数码管。

6.3.2 知识点

本项目需要通过学习和查阅资料,了解和掌握以下知识。

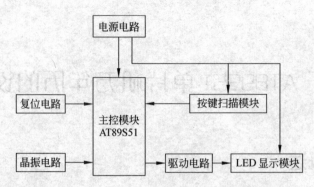

图 6-1 基于 AT89S51 单片机电子万年历系统组成框图

- +5V 电源原理及设计。
- 单片机复位电路工作原理及设计。
- 单片机晶振电路工作原理及设计。
- LED 显示原理及设计。
- 驱动芯片 74LS07 和移位寄存器 74LS164 的特性及使用。
- AT89S51 单片机引脚。
- 单片机汇编语言及程序设计。

6.4 硬件设计

6.4.1 电路原理图

基于 AT89S51 单片机电子万年历硬件电路如图 6-2 所示,系统由 AT89S51 单片机、按键扫描电路、显示电路及显示驱动电路组成。

显示部分采用普通的 7 段共阳极 LED 数码管显示,采用动态扫描,以减少硬件电路,靠计时 19 个 1 位数码管分 3 排同时扫描:第一排 8 个数码管分别为千年、百年、十年、年、十月、月、十日、日;第二排 6 个数码管分别为十时、时、十分、分、十秒、秒;第三排 5 个数码管分别为星期,农历十月、月、十日、日。数码管位码采用串行口输出,用 3 片 74LS164 移位寄存器来驱动 3 排数码管,数码管段码采用 2 片 74LS07 进行驱动,这样扫描一次只需 7ms。

6.4.2 元件清单

基于 AT89S51 单片机电子万年历的元件清单如表 6-1 所示。

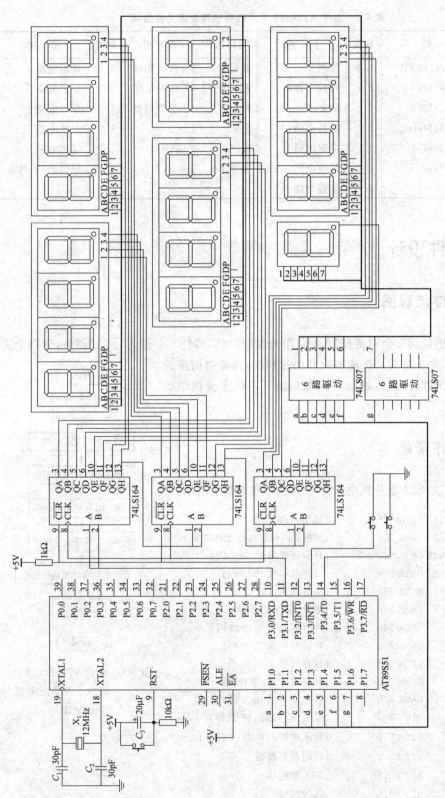

图 6-2 基于 AT89S51 单片机电子万年历电路原理图

表 6-1 基于 AT89S51 单片机电子万年历元件清单

元件名称	型号	数量	用途	元件名称	型号	数量	用途
单片机	AT89S51	1个	控制核心	数码管	4位共阳极	4个	显示电路
集成块	74LS164	3个	移位寄存器	数码管	2位共阳极	1个	显示电路
集成块	74LS07	2个	驱动	数码管	1位共阳极	1个	显示电路
晶振	12MHz	1个	晶振电路	电阻	1kΩ	1个	上拉电路
电容	30pF	2个	晶振电路	电阻	10kΩ	1个	复位电路
电解电容	20μF/10V	1个	复位电路	电源 V_{cc}	+5V/1A	1个	提供+5V 电源
按键		3个	按键电路				

6.5 软件设计

6.5.1 程序流程图

时间调整使用 2 个调整按键，1 个作为控制位移，另外 1 个作为"加 1"调整，分别定义为控制按键、加 1 按键。在调整时间的过程中，需要将调整的位与其他位区别开，所以增加了闪烁功能。主程序流程图如图 6-3 所示。

6.5.2 程序清单

基于 AT89S51 单片机电子万年历程序清单如下所示。

```
TIME_WEEK   DATA 52H        ;星期存放单元
TIME_YEAR   DATA 5DH        ;年份低两位存放单元(BCD 码)
TIME_MONTH  DATA 5EH        ;月份存放单元(BCD 码)
TIME_DATA   DATA 5FH        ;日存放单元(BCD 码)
YEARH       DATA 36H        ;年份高两位
YEAR        DATA 35H        ;年份低两位存放单元(BCD 码)
MONTH       DATA 34H        ;月份存放单元(BCD 码)
DAY         DATA 33H        ;日存放单元(BCD 码)
HOUR        DATA 32H        ;时存放单元(BCD 码)
MINUTE      DATA 31H        ;分存放单元(BCD 码)
SEC         DATA 30H        ;秒存放单元(BCD 码)
AAA         BIT  P3.0       ;显示位(74LS164 数据)
BBB         BIT  P3.1       ;显示脉冲(74LS164 时钟)
AA          BIT  P3.3       ;时间调整按键
BB          BIT  P3.4       ;加 1 调整
CC          BIT  P3.5       ;闹钟调整
```

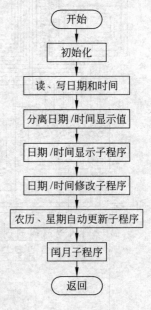

图 6-3 基于 AT89S51 单片机电子万年历主程序流程图

```
        BL      BIT  P3.2                    ;闹钟输出
        BZ1     BIT  21H.0
        TIMES   DATA    20H                  ;调时标志
        COM     DATA    P1                   ;段码数据
        ORG 0000H                            ;程序执行开始地址
        LJMP    START                        ;跳到标号 START 执行
        ORG 0003H                            ;外中断 0 中断程序入口
        RETI                                 ;外中断 0 中断返回
        ORG 000BH                            ;定时器 T0 中断程序
        LJMP    INTT0                        ;跳至 INTT0 执行
        ORG 0013H                            ;外中断 1 中断程序入口
        RETI                                 ;外中断 1 中断返回
        ORG 001BH                            ;定时器 T1 中断程序入口
        RETI
        ORG 0023H                            ;串行中断程序入口地址
        RETI                                 ;串行中断程序返回
;主程序
START:  MOV     R0, #30H                     ;清 30H~38H
        MOV     R7, #9                       ;9 个字节
CLEETE: MOV     @R0, #00H
        INC     R0
        DJNZ    R7,CLEETE
        MOV     TIMES, #00H                  ;清调时标志
        MOV     TMOD, #01H                   ;设 T0 为 16 位定时器
        MOV     TL0, #0C0H                   ;40ms 定时初值(T0 计时用)
        MOV     TH0, #63H                    ;40ms 定时初值
        MOV     SEC, #0
        MOV     MINUTE, #0H
        MOV     HOUR, #0H
        MOV     DAY, #01H
        MOV     MONTH, #01H
        MOV     YEAR, #01H
        MOV     YEARH, #20H
        SETB    EA                           ;总中断开放
        SETB    ET0                          ;允许 T0 中断
        SETB    TR0                          ;开启 T0 定时器
        MOV     R4, #19                      ;1 秒定时(40ms×25)
START1: CALL    DISP                         ;调用显示子程序
        JNB     AA,SETMM1                    ;P3.3 口为 0 时,转时间调整程序
        JMP     START1                       ;P3.3 口为 1 时,跳回 START1
SETMM1: CALL    SETMM                        ;调时间调整程序 SETMM
        JMP     START1
SETMM:  CAL     DISP                         ;时间调整程序
        CALL    DISP
        JB      AA,SETMM0                    ;是干扰,跳过
SETMM2: JNB     AA,SETMM3
        CLR     ET0
        CLR     TR0                          ;关 T0 中断
        MOV     SEC, #0                      ;秒清零
```

```
            MOV    TIMES,#01H              ;分开始调整
            MOV    R0,#MINUTE
SETMM4:     NOP
INC22:      CALL   OFFL                    ;灭显示
            CALL   INC11                   ;加调整
            CALL   DISP
            JB     AA,INC22
            CALL   DISP
            JB     AA,INC22
            INC    R0
            MOV    A,TIMES
            RL     A
            MOV    TIMES,A
            JNB    TIMES.5,SETMM4          ;继续调整下一数据
SETMM12:    JNB    AA,SETMM11
SETMM0:     SETB   TR0
            SETB   ET0                     ;调整完成开始计时
            RET
SETMM11:    CALL   DISP
            JMP    SETMM12
SETMM3:     CALL   DISP
            JMP    SETMM2                  ;避免调整时无显示
INC11:      MOV    R3,#40
INC111:     MOV    A,@R0
            JB     BB,INC17
            ADD    A,#1                    ;加1
            DA     A
            CALL   INC000                  ;数据比较
INC13:      JNB    BB,INC14
INC17:      MOV    @R0,A                   ;存入调整后的数据
            CALL   DISP
            DJNZ   R3,INC111
            RET
INC14:      CALL   DISP
            JMP    INC13
OFFL:       MOV    22H,@R0                 ;灭显示
            MOV    R6,#10
OFF1:       MOV    R7,#10
OFF2:       MOV    @R0,#0AAH               ;放入熄灭码
            CALL   DISP
            DJNZ   R7,OFF2
            DJNZ   R6,OFF1
            MOV    @R0,22H
            RET
;比较子程序
INC000:     JB     TIMES.0,INC001          ;分比较
            JB     TIMES.1,INC002          ;时比较
            JB     TIMES.2,INC003          ;日比较
            JB     TIMES.3,INC004          ;月比较
```

```
            JB      TIMES.4,INC005          ;年比较
            JMP     INCOUT
INC005:     CJNE    A,#99H,INCOUT
            MOV     A,#00H                  ;超过99年为00年
            JMP     INCOUT
INC004:     CJNE    A,#13H,INCOUT
            MOV     A,#01H                  ;超过12月为1月
            JMP     INCOUT
INC003:     CJNE    A,#32H,INCOUT
            MOV     A,#01H                  ;超过31天为1日
            JMP     INCOUT
INC002:     CJNE    A,#24H,INCOUT
            MOV     A,#00H                  ;超过23时为0时
            JMP     INCOUT
INC001:     CJNE    A,#60H,INCOUT
            MOV     A,#00H                  ;超过59分为0分
INCOUT:     RET                             ;返回
;1s计时程序
INTT0:      PUSH    ACC                     ;累加器入栈保护
            PUSH    PSW                     ;状态字入栈保护
            ORL     TL0,#0C0H               ;低8位初值修正
            MOV     TH0,#63H                ;高8位初值修正
            DJNZ    R4,CLKE111              ;25次中断未到
            JMP     LOOP11
CLKE111:    JMP     CLKE
LOOP11:     MOV     R4,#19H                 ;25次中断到(1s),重赋初值
            MOV     A,SEC                   ;调整秒
            ADD     A,#1
            DA      A
            MOV     SEC,A
            CJNE    A,#60H,CLKE99           ;整分否
            MOV     SEC,#0                  ;清秒
            MOV     A,MINUTE                ;调整分
            ADD     A,#1
            DA      A
            MOV     MINUTE,A
CLK0:       CJNE    A,#60H,CLKE             ;整点否
            MOV     MINUTE,#0               ;清分
            MOV     A,HOUR                  ;调整时
            ADD     A,#1
            DA      A
            MOV     HOUR,A
            CJNE    A,#24H,CLKE             ;零点否
            MOV     HOUR,#0                 ;清时
            MOV     A,DAY                   ;调整日期
            ADD     A,#1
            DA      A
            MOV     DAY,A
            MOV     A,MONTH                 ;查阅本月最大日期
```

```
                INC     A
                MOVC    A,@A+PC
                SJMP    CLK1
                DB      31H,28H,31H         ;对应月份编码:01H,02H,03H
                DB      30H,31H,30H         ;对应月份编码:04H,05H,06H
                DB      31H,31H,30H         ;对应月份编码:07H,08H,09H
                DB      00H,00H,00H         ;对应无效月份编码:0AH,0BH,0CH
                DB      00H,00H,00H         ;对应无效月份编码:0DH,0EH,0FH
                DB      31H,30H,31H         ;对应月份编码:10H,11H,12H
        CLK1:   CLR     C
                SUBB    A,DAY
                JNC     CLKE                ;本月未满
                MOV     A,MONTH
                CJNE    A,#2,CLK3           ;是二月
                MOV     A,YEAR
                ANL     A,#13H              ;保留年份中非4的整数部分
                JNB     ACC.4,CLK2
                ADD     A,#2
        CLK2:   ANL     A,#3                ;能否被4整除
                JNZ     CLK3                ;非闰年
                MOV     A,DAY
                XRL     A,#29H
                JZ      CLKE                ;闰年二月可以有29日
        CLK3:   MOV     DAY,#1              ;调整到下个月的1日
                MOV     A,MONTH
                ADD     A,#1
                DA      A
                MOV     MONTH,A
                CJNE    A,#13H,CLKE
                MOV     MONTH,#1            ;调整到下一年的一月份
                MOV     A,YEAR              ;调整年份
                ADD     A,#1
                DA      A
                MOV     YEAR,A
        CLKE99: CALL    CONVERT             ;农历转换子程序
;时钟调整完毕,处理其他定时任务
        CLKE:   POP     PSW
                POP     ACC
                RETI                        ;完成
;显示寄存器处理
        DISP:   PUSH    PSW
                PUSH    ACC
                MOV     23H,R0              ;保存R0
        DISP99: MOV     R1,#40H             ;显示寄存器首址
                MOV     R0,#30H             ;待处理寄存器首址
                MOV     R2,#9               ;处理N次
        DISP1:  MOV     A,@R0               ;低寄存器1内容存入A
                ANL     A,#0FH
                MOV     @R1,A               ;将A的值存入显示寄存器1
```

```
            MOV     A,@R0                       ;低寄存器1内容存入A
            SWAP    A
            ANL     A,#0FH
            INC     R1                          ;R1地址加1
            MOV     @R1,A                       ;将A的值存入显示寄存器2
            DJNZ    R2,DISP2                    ;处理完N次,没有地址加1
            CALL    DISPLAY
            MOV     R0,23H
            POP     ACC
            POP     PSW
            RET
DISP2:      INC     R1
            INC     R0
            JMP     DISP1
DISPLAY:    MOV     R1,#40H                     ;指向显示数据首址
            MOV     R5,#19                      ;显示19个数据
            SETB    AAA
PLAY:       SETB    BBB
            NOP
            CLR     BBB                         ;移一位
            CLR     AAA                         ;清零
            MOV     A,@R1                       ;取显示数据到A
            MOV     DPTR,#TAB                   ;取段码表地址
            MOVC    A,@A+DPTR                   ;查显示数据对应段码
            MOV     COM,A                       ;段码放入P1口
            CALL    DL1MS                       ;显示1ms
            MOV     COM,#0FFH                   ;P1口复位
            DJNZ    R5,PLAY1
            CLR     BBB
            SETB    AAA
            RET                                 ;返回
PLAY1:      INC     R1                          ;显示下一位
            JMP     PLAY
TAB:        DB      0C0H,0F9H,0A4H,0B0H,99H,92H,82H,0F8H,80H,90H,0FFH,0A3H,8EH,0ABH
DL1MS:      MOV     25H,R7
            MOV     24H,R6                      ;保存R6和R7
            MOV     R7,#20
DS1:        MOV     R6,#10
            DJNZ    R6,$
            DJNZ    R7,DS1
            MOV     R7,25H
            MOV     R6,24H
            RET
            START_YEAR EQU 01
            CONVERT_YEAR DATA 5CH
            CONVERT_MONTH DATA 38H              ;BIT7为1表示闰月
            CONVERT_DATE DATA 37H
            TEMP_BYTE1 DATA 57H
            TEMP_BYTE2 DATA 58H
```

```
             TEMP_BYTE3 DATA 59H
             TEMP_BYTE4 DATA 5AH
             TEMP_BYTE5 DATA 5BH
;以下为公历转农历子程序
CONVERT:  MOV   A,YEAR
          MOV   TIME_YEAR,A
          MOV   A,MONTH
          MOV   TIME_MONTH,A
          MOV   A,DAY
          MOV   TIME_DATA,A
          MOV   A,TIME_YEAR
          MOV   B,#16
          DIV   AB
          MOV   CONVERT_YEAR,B
          MOV   B,#10
          MUL   AB
          ADD   A,CONVERT_YEAR
          MOV   CONVERT_YEAR,A
          MOV   A,TIME_MONTH
          JNB   ACC.4,CON_02
          CLR   ACC.4                     ;ACC.4为1表示大于10月
          ADD   A,#10
CON_02:   MOV   CONVERT_MONTH,A
          MOV   A,TIME_DATA
          MOV   B,#16
          DIV   AB
          MOV   CONVERT_DATE,B
          MOV   B,#10
          MUL   AB
          ADD   A,CONVERT_DATE
          MOV   CONVERT_DATE,A
          MOV   DPTR,#MONTH_DATA
          MOV   A,CONVERT_YEAR
CON_06:   CLR   C
          SUBB  A,#START_YEAR
          MOV   B,#3                      ;表格每年3字节
          MUL   AB
          ADD   A,DPL
          MOV   DPL,A
          MOV   A,B
          ADDC  A,DPH
          MOV   DPH,A
          MOV   A,#2
          MOVC  A,@A+DPTR                 ;读本年表格最后一字节
          CLR   ACC.7                     ;ACC.7是闰年第13个月大小,在此不用
          MOV   B,#32
          DIV   AB
          MOV   TEMP_BYTE1,A              ;春节月份
          MOV   TEMP_BYTE2,B              ;春节日
```

```asm
;以下计算当前日期距元旦天数
        MOV     TEMP_BYTE3,#0           ;设距元旦天数高位为0
        MOV     A,CONVERT_MONTH
        CJNE    A,#10,CON_08
CON_08: JC      CON_09
        ;9月以前日子数小于256天,高字节为0(9月份过去的整月为8个月)
        MOV     TEMP_BYTE3,#1
CON_09: MOV     A,CONVERT_YEAR
        ANL     A,#03H                  ;ACC为除4的余数
        JNZ     CON_10                  ;转常年处理
        ;年除4余数为0是闰年
        MOV     A,CONVERT_MONTH
        LCALL   GET_RUN_DAYS_LOW        ;取得闰年过去月的天数的低字节
        SJMP    CON_12
CON_10: MOV     A,CONVERT_MONTH
        LCALL   GET_DAYS_LOW            ;取得常年过去月的天数的低字节
CON_12: MOV     B,CONVERT_DATE
        DEC     B                       ;因为日期从1日起,而不是0日起
        ADD     A,B                     ;过去的整月天数加当月天数
        MOV     TEMP_BYTE4,A
        JNC     CON_14
        INC     TEMP_BYTE3
        ;TEMP_BYTE3、TEMP_BYTE4分别为公历年过去的天数的高、低字节
;以下求春节距元旦天数,因肯定小于256天,所以只用一字节表示
CON_14: MOV     A,TEMP_BYTE1
        LCALL   GET_DAYS_LOW            ;春节不会在3月份,不用考虑闰年
        DEC     A                       ;因为日期从1日起
        ADD     A,TEMP_BYTE2
        MOV     TEMP_BYTE5,A            ;TEMP_BYTE5为春节距元旦天数
        MOV     A,CONVERT_MONTH
        CJNE    A,TEMP_BYTE1,CON_20     ;转换月与春节月比较
        MOV     A,CONVERT_DATE
        CJNE    A,TEMP_BYTE2,CON_20     ;转换日与春节日比较
CON_20: JC      CON_22
        LJMP    CON_60
        ;当前日大于等于春节日期,公历年与农历年同年份
CON_22: MOV     A,CONVERT_YEAR          ;不到春节,农历年比公历年低一年
        JNZ     CON_24
        MOV     A,#100                  ;年有效数0~99
CON_24: DEC     A
        MOV     CONVERT_YEAR,A
        MOV     A,DPL
        CLR     C
        SUBB    A,#3
        MOV     DPL,A
        JNC     CON_26
        DEC     DPH                     ;表格指针指向上一年
CON_26: MOV     A,TEMP_BYTE5
        CLR     C
```

```
            SUBB    A,TEMP_BYTE4
            MOV     TEMP_BYTE3,A        ;TEMP_BYTE3 中为当前日距春节的天数
            MOV     CONVERT_MONTH,#12   ;农历月为 12 月
            CLR     F0                  ;1901—2099 年没有闰 12 月,清闰月标志
            CLR     A
            MOVC    A,@A+DPTR
            ANL     A,#0F0H
            SWAP    A
            MOV     TEMP_BYTE4,A        ;TEMP_BYTE4 中为闰月
            JZ      CON_30              ;没有闰月,转移
            MOV     A,#2                ;有闰月,取第 13 个月天数
            MOVC    A,@A+DPTR
            MOV     C,ACC.7
            MOV     A,#1
            MOVC    A,@A+DPTR
            RLC     A                   ;ACC 中为最后 6 个月的大小值
            SJMP    CON_34
CON_30:     MOV     A,#1
            MOVC    A,@A+DPTR           ;ACC 中为最后 6 个月的大小值
CON_34:     MOV     TEMP_BYTE5,A
CON_40:     MOV     A,TEMP_BYTE5
            RRC     A
            MOV     TEMP_BYTE5,A
            JC      CON_42
            MOV     B,#29               ;小月 29 天
            SJMP    CON_44
CON_42:     MOV     B,#30               ;大月 30 天
CON_44:     MOV     A,TEMP_BYTE3
            CLR     C
            SUBB    A,B
            JZ      CON_46              ;正好够减,就是农历日 1 日
            JNC     CON_50              ;不够减一月天数,结束农历月调整
            CPL     A                   ;求补取绝对值
            INC     A
CON_46:     INC     A                   ;加 1 即为农历日
            MOV     B,#10               ;转换并保存农历日、月、年
            DIV     AB
            SWAP    A
            ORL     A,B
            MOV     CONVERT_DATE,A
            MOV     A,CONVERT_MONTH
            MOV     B,#10
            DIV     AB
            SWAP    A
            ORL     A,B
            MOV     CONVERT_MONTH,A
            MOV     A,CONVERT_YEAR
            MOV     B,#10
            DIV     AB
```

```
            SWAP    A
            ORL     A,B
            MOV     CONVERT_YEAR,A
            CALL    WEEK                    ;星期转换子程序
            RET                             ;结束转换
CON_50:     MOV     TEMP_BYTE3,A            ;TEMP_BYTE3 存减去一月后的天数
            JB      F0,CON_52               ;是闰月,前推一月,月份不减
            DEC     CONVERT_MONTH
CON_52:     MOV     A,CONVERT_MONTH
            CJNE    A,TEMP_BYTE4,CON_54
            CPL     F0                      ;当前月与闰月相同,更改闰月标志
CON_54:     SJMP    CON_40
CON_60:     MOV     A,TEMP_BYTE4            ;春节日小于当前日,农历年同公历年
            CLR     C
            SUBB    A,TEMP_BYTE5
            MOV     TEMP_BYTE4,A
            JNC     CON_62
            DEC     TEMP_BYTE3              ;TEMP_BYTE3、TEMP_BYTE4 中为公历日距春节的天数
CON_62:     MOV     CONVERT_MONTH,#1        ;农历月为 1 月
            CLR     A
            MOVC    A,@A+DPTR
            MOV     TEMP_BYTE5,A
            ANL     A,#0F0H
            SWAP    A
            XCH     A,TEMP_BYTE5            ;TEMP_BYTE5 中为闰月,ACC 为当年农历表第一字节
            CLR     F0                      ;第一个月肯定不是闰月
            ANL     A,#0FH
            MOV     TEMP_BYTE1,A
            MOV     A,#1
            MOVC    A,@A+DPTR
            MOV     TEMP_BYTE2,A
            ANL     A,#0F0H
            ORL     A,TEMP_BYTE1
            SWAP    A
            MOV     TEMP_BYTE1,A
            MOV     A,#2
            MOVC    A,@A+DPTR
            MOV     C,ACC.7
            MOV     A,TEMP_BYTE2
            ANL     A,#0FH
            SWAP    A
            MOV     ACC.3,C
            MOV     TEMP_BYTE2,A            ;以上 TEMP_BYTE1、TEMP_BYTE2 各 BIT 存农历年大小
CON_70:     MOV     A,TEMP_BYTE2
            RLC     A
            MOV     TEMP_BYTE2,A
            MOV     A,TEMP_BYTE1
            RLC     A
            MOV     TEMP_BYTE1,A
```

```
              JC    CON_72
              MOV   B,#29                   ;小月 29 天处理
              SJMP  CON_74
CON_72:       MOV   B,#30                   ;大月 30 天
CON_74:       MOV   A,TEMP_BYTE4
              CLR   C
              SUBB  A,B
              JNC   CON_78                  ;低字节够减跳转
              MOV   B,A                     ;低字节不够减,B 暂存减后结果
              MOV   A,TEMP_BYTE3
              JZ    CON_76                  ;高字节为 0,不够减
              DEC   TEMP_BYTE3
              MOV   TEMP_BYTE4,B
              SJMP  CON_80
CON_76:       MOV   A,TEMP_BYTE4            ;不够减,结束月调整
              LJMP  CON_46                  ;转日期加 1 后,处理并保存转换后的农历年月日
CON_78:       MOV   TEMP_BYTE4,A            ;TEMP_BYTE3、TEMP_BYTE4 中天数为减去一月后天数
CON_80:       MOV   A,CONVERT_MONTH
              CJNE  A,TEMP_BYTE5,CON_82
              CPL   F0                      ;当前月与闰月相同,更改闰月标志
              JNB   F0,CON_82               ;更改标志后是非闰月,月份加 1
              SJMP  CON_70
CON_82:       INC   CONVERT_MONTH
              SJMP  CON_70
GET_DAYS_LOW:     MOVC  A,@A+PC             ;取得常年过去月的天数的低字节
                  RET
                  DB 0,31,59,90,120,151,181,212,243,17,48,78
GET_RUN_DAYS_LOW: MOVC  A,@A+PC             ;取得闰年过去月的天数的低字节
                  RET
                  DB 0,31,60,91,121,152,182,213,244,18,49,79
MONTH_DATA:
;公历年对应的农历数据,每年 3 字节
;格式第一字节 BIT7~BIT4 位表示闰月月份,值为 0 为无闰月,BIT3~BIT0 对应农历第 1~4 月的
;大小
;第二字节 BIT7~BIT0 对应农历第 5~12 月大小,第三字节 BIT7 表示农历第 13 个月大小
;月份对应的位为 1 表示本农历月大(30 天),为 0 表示小(29 天)
;第三字节 BIT6~BIT5 表示春节的公历月份,BIT4~BIT0 表示春节的公历日
DB 04DH,04AH,0B8H; 2001
DB 00DH,04AH,04CH; 2002
DB 00DH,0A5H,041H; 2003
DB 025H,0AAH,0B6H; 2004
DB 005H,06AH,049H; 2005
DB 07AH,0ADH,0BDH; 2006
DB 002H,05DH,052H; 2007
DB 009H,02DH,047H; 2008
DB 05CH,095H,0BAH; 2009
DB 00AH,095H,04EH; 2010
DB 00BH,04AH,043H; 2011
DB 04BH,055H,037H; 2012
```

项目6 基于AT89S51单片机万年历的设计

```
DB 0AH,0D5H,04AH; 2013
DB 095H,05AH,0BFH; 2014
DB 004H,0BAH,053H; 2015
DB 00AH,05BH,048H; 2016
DB 065H,02BH,0BCH; 2017
DB 005H,02BH,050H; 2018
DB 00AH,093H,045H; 2019
DB 047H,04AH,0B9H; 2020
DB 006H,0AAH,04CH; 2021
DB 00AH,0D5H,041H; 2022
DB 024H,0DAH,0B6H; 2023
DB 004H,0B6H,04AH; 2024
DB 069H,057H,03DH; 2025
DB 00AH,04EH,051H; 2026
DB 00DH,026H,046H; 2027
DB 05EH,093H,03AH; 2028
DB 00DH,053H,04DH; 2029
DB 005H,0AAH,043H; 2030
DB 036H,0B5H,037H; 2031
DB 009H,06DH,04BH; 2032
DB 0B4H,0AEH,0BFH; 2033
DB 004H,0ADH,053H; 2034
DB 00AH,04DH,048H; 2035
DB 06DH,025H,0BCH; 2036
DB 00DH,025H,04FH; 2037
DB 00DH,052H,044H; 2038
DB 05DH,0AAH,038H; 2039
DB 00BH,05AH,04CH; 2040
DB 005H,06DH,041H; 2041
DB 024H,0ADH,0B6H; 2042
DB 004H,09BH,04AH; 2043
DB 07AH,04BH,0BEH; 2044
DB 00AH,04BH,051H; 2045
DB 00AH,0A5H,046H; 2046
DB 05BH,052H,0BAH; 2047
DB 006H,0D2H,04EH; 2048
DB 00AH,0DAH,042H; 2049
DB 035H,05BH,037H; 2050
DB 009H,037H,04BH; 2051
DB 084H,097H,0C1H; 2052
DB 004H,097H,053H; 2053
DB 006H,04BH,048H; 2054
DB 066H,0A5H,03CH; 2055
DB 00EH,0A5H,04FH; 2056
DB 006H,0B2H,044H; 2057
DB 04AH,0B6H,038H; 2058
DB 00AH,0AEH,04CH; 2059
DB 009H,02EH,042H; 2060
DB 03CH,097H,035H; 2061
```

```
        DB 00CH,096H,049H; 2062
        DB 07DH,04AH,0BDH; 2063
        DB 00DH,04AH,051H; 2064
        DB 00DH,0A5H,045H; 2065
        DB 055H,0AAH,0BAH; 2066
        DB 005H,06AH,04EH; 2067
        DB 00AH,06DH,043H; 2068
        DB 045H,02EH,0B7H; 2069
        DB 005H,02DH,04BH; 2070
        DB 08AH,095H,0BFH; 2071
        DB 00AH,095H,053H; 2072
        DB 00BH,04AH,047H; 2073
        DB 06BH,055H,03BH; 2074
        DB 00AH,0D5H,04FH; 2075
        DB 005H,05AH,045H; 2076
        DB 04AH,05DH,038H; 2077
        DB 00AH,05BH,04CH; 2078
        DB 005H,02BH,042H; 2079
        DB 03AH,093H,0B6H; 2080
        DB 006H,093H,049H; 2081
        DB 077H,029H,0BDH; 2082
        DB 006H,0AAH,051H; 2083
        DB 00AH,0D5H,046H; 2084
        DB 054H,0DAH,0BAH; 2085
        DB 004H,0B6H,04EH; 2086
        DB 00AH,057H,043H; 2087
        DB 045H,027H,038H; 2088
        DB 00DH,026H,04AH; 2089
        DB 08EH,093H,03EH; 2090
        DB 00DH,052H,052H; 2091
        DB 00DH,0AAH,047H; 2092
        DB 066H,0B5H,03BH; 2093
        DB 005H,06DH,04FH; 2094
        DB 004H,0AEH,045H; 2095
        DB 04AH,04EH,0B9H; 2096
        DB 00AH,04DH,04CH; 2097
        DB 00DH,015H,041H; 2098
        DB 02DH,092H,0B5H; 2099
        DB 00DH,053H,049H; 2100
        ;以下子程序用于从当前公历日期推算星期
        ;入口:TIME_YEAR、TIME_MONTH、TIME_DATE定义公历年月日,BCD码,其中月的
        ;年份存入R5,月份存入R6,日期存入R7(BCD码)
              TIME_WEEK1 DATA 52H
        WEEK: MOV   A,TIME_YEAR
              MOV   B,#16
              DIV   AB
              MOV   TEMP_BYTE1,B
```

```
            MOV    B,#10
            MUL    AB
            ADD    A,TEMP_BYTE1
            MOV    TEMP_BYTE1,A          ;TEMP_BYTE1=年
            MOV    A,TIME_MONTH
            JB     ACC.7,GETW02
            MOV    A,#100
            ADD    A,TEMP_BYTE1
            MOV    TEMP_BYTE1,A          ;20 世纪年+100
            MOV    A,TIME_MONTH
            CLR    ACC.7
GETW02:     JNB    ACC.4,GETW04
            ADD    A,#10
            CLR    ACC.4
GETW04:     MOV    TEMP_BYTE2,A          ;TEMP_BYTE2=月
            MOV    A,TIME_DATA
            MOV    B,#16
            DIV    AB
            MOV    TEMP_BYTE3,B
            MOV    B,#10
            MUL    AB
            ADD    A,TEMP_BYTE3
            MOV    TEMP_BYTE3,A          ;TEMP_BYTE3=日
            MOV    A,TEMP_BYTE1
            ANL    A,#03H
            JNZ    GETW10                ;非闰年转移
            MOV    A,TEMP_BYTE2
            CJNE   A,#3,GETW06
GETW06:     JNC    GETW10                ;月大于2转移
            DEC    TEMP_BYTE3            ;月小于等于2,又是闰年,日减1
GETW10:     MOV    A,TEMP_BYTE2
            LCALL  GET_CORRECT           ;取月校正表数据
            ADD    A,TEMP_BYTE1
            MOV    B,#7
            DIV    AB      ;B放年加校正日数之和后除7的余数,不先做这一步,有可能数据溢出
            MOV    A,TEMP_BYTE1
            ANL    A,#0FCH
            RR     A
            RR     A                     ;以上年除4即闰年数
            ADD    A,B
            ADD    A,TEMP_BYTE3
            MOV    B,#7
            DIV    AB
            MOV    A,B
            CJNE   A,#0,OUTOUT
            MOV    B,#8
```

```
OUTOUT:        MOV  TIME_WEEK1,B              ;星期日显示 8
               RET
GET_CORRECT:   MOVC A,@A+PC
               RET
               DB 0,3,3,6,1,4,6,2,5,0,3,5
               END
GET_CORRECT:   MOVC A,@A+PC
               RET
               DB 0,3,3,6,1,4,6,2,5,0,3,5
               END
```

6.6 系统仿真及调试

本项目仿真见教学资源"项目6"。

单片机系统的硬件调试和软件调试是不能分开的,许多硬件错误是在软件调试中被发现和纠正的。但通常是先排除明显的硬件故障以后,再和软件结合起来调试以进一步排除故障。可见硬件的调试是基础,如果硬件调试不通过,软件设计则无从做起。

硬件调试主要是把电路的各种参数调整到符合设计要求。先排除硬件电路故障,包括设计性错误和工艺性故障。一般原则是先静态,后动态。硬件静态调试主要是检测电路是否有短路、断路、虚焊等,检测芯片引脚焊接是否有错位,数码管段位是否焊接正确。

利用万用表或逻辑测试仪器,检查电路中的各器件以及引脚的连接是否正确,是否有短路故障。

在通电前,一定要检查电源电压的幅值和极性,否则很容易造成集成块损坏。加电后检查各插件上引脚的电位,一般先检查 V_{CC} 与 GND 之间电位,若为 5~4.8V 属正常。

单片机 AT89S51 是系统的核心,利用万用表检测单片机电源 V_{CC}(40 脚)是否为+5V、晶振是否正常工作(可用示波器测试,也可以用万用表检测两引脚电压,一般为 1.8~2.3V)、复位引脚 RST(复位时为高电平,单片机工作时为低电平)、$\overline{EA}$ 是否为高电平,如果合乎要求,单片机就能工作了,再结合电路图,故障检测就很容易了。

项目 7

基于 AT89S51 单片机密码锁的设计

7.1 项目概述

很多行业的许多地方都需要密码锁,但普通密码锁的密码容易被多次试探而破译。本项目给出了一种能防止多次试探密码的密码锁设计方法,从而有效地克服了上述缺点。这种能防止多次试探密码的单片机密码锁的应用前景非常广泛。

7.2 项目要求

基于 AT89S51 单片机密码锁的设计要求如下:
(1) 总共可以设置 8 位密码,每位密码值范围为 1~8。
(2) 用户可以自行设定和修改密码。
(3) 按每个密码键时都有声音提示。
(4) 若键入的 8 位开锁密码不完全正确,则报警 5s,以提醒他人注意。
(5) 开锁密码连续错 3 次要报警 1min,报警期间输入密码无效,以防窃贼多次试探密码。
(6) 键入的 8 位开锁密码完全正确才能开锁,开锁时要有 1s 的提示音。
(7) 电磁锁的电磁线圈每次通电 5s,然后恢复初态。
(8) 密码键盘上只允许有 8 个密码按键。锁内有备用电池,只有内部上电复位时才能设置或修改密码,因此,仅在门外按键是不能修改或设置密码的。
(9) 密码设定完毕后要有 2s 的提示音。

7.3 系统设计

7.3.1 框图设计

按照系统设计的要求和功能,将系统分为主控模块、按键扫描模块、蜂鸣器、电源电路、复位电路、晶振电路、驱动电路等几个模块,系统组成框图如图 7-1 所示。主控模块采用 AT89S51 单片机。

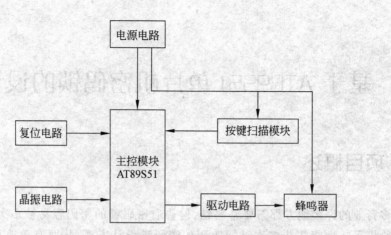

图 7-1 基于 AT89S51 单片机密码锁组成框图

7.3.2 知识点

本项目需要通过学习和查阅资料,了解和掌握以下知识。

- +5V 电源原理及设计。
- 单片机复位电路工作原理及设计。
- 单片机晶振电路工作原理及设计。
- 三极管的特性及使用。
- AT89S51 单片机引脚。
- 单片机汇编语言及程序设计。

7.4 硬件设计

7.4.1 电路原理图

系统硬件电路图如图 7-2 所示,P1 口接密码按键,开锁脉冲由 P3.2 输出,报警和提示音由 P3.7 输出,按键 a~h 分别代表数字 0~7。如果没有键按下,P1.0~P1.7 全是高电平;若某按键被按下,相应的口线为低电平。

7.4.2 元件清单

基于 AT89S51 单片机密码锁的元件清单如表 7-1 所示。

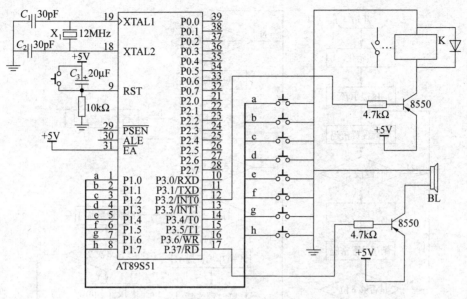

图 7-2 基于 AT89S51 单片机密码锁电路原理图

表 7-1 基于 AT89S51 单片机密码锁元件清单

元件名称	型　号	数量	用　途	元件名称	型　号	数量	用　途
单片机	AT89S51	1个	控制核心	蜂鸣器		1个	报警电路
晶振	12MHz	1个	晶振电路	电阻	1kΩ	1个	上拉电路
电容	30pF	2个	晶振电路	电阻	10kΩ	1个	复位电路
电解电容	20μF/10V	1个	复位电路	电阻	4.7kΩ	2个	放大电路
按键		9个	按键电路	继电器	5V	1个	控制对象
三极管	8550	2个	放大电路	电源	+5V/0.5A	1个	提供+5V电源
二极管	IN4004	1个					

7.5　软件设计

7.5.1　程序流程图

图 7-3 给出了该单片机密码锁电路的软件流程图。

该密码锁中 RAM 存储单元的分配方案如下所示。

(1) 31H～38H：依次存放 8 位设定的密码,首位密码存放在 31H 单元。

(2) R0：指向密码地址。

(3) R2：存放已经键入密码的位数。

(4) R3：存放允许的错码次数 3 与实际错码次数的差值。

(5) R4～R7：延时用。

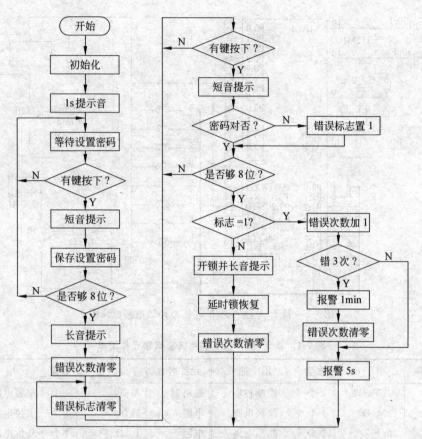

图 7-3 基于 AT89S51 单片机密码锁程序流程图

(6) 00H：错码标志位。

对于 ROM 存储单元的分配，由于程序比较短，而且占用的存储空间比较少，因此，在无特殊要求时，可以从 0030H 单元（其他地址也可以）开始存放主程序。

7.5.2 程序清单

基于 AT89S51 单片机密码锁程序清单如下所示。

```
        ORG     0000H
        AJMP    START
        ORG     0030H
START:  ACALL   BP
        MOV     R0,#31H
        MOV     R2,#8
SET:    MOV     P1,#0FFH
        MOV     A,P1
        CJNE    A,#0FFH,L8
        AJMP    SET
L8:     ACALL   DELAY
```

```
        CJNE    A,#0FFH,SAVE
        AJMP    SET
SAVE:   ACALL   BP
        MOV     @R0,A
        INC     R0
        DJNZ    R2,SET
        MOV     R5,#16
D2S:    ACALL   BP
        DJNZ    R5,D2S
        MOV     R0,#31H
        MOV     R3,#3
AA1:    MOV     R2,#8
AA2:    MOV     P1,#0FFH
        MOV     A,P1
        CJNE    A,#0FFH,L9
        AJMP    AA2
L9:     ACALL   DELAY
        CJNE    A,#0FFH,AA3
        AJMP    AA2
AA3:    ACALL   BP
        CLR     C
        SUBB    A,@R0
        INC     R0
        CJNE    A,#00H,AA4
        AJMP    AA5
AA4:    SETB    00H
AA5:    DJNZ    R2,AA2
        JB      00H,AA6
        CLR     P3.5
L3:     MOV     R5,#8
        ACALL   BP
        DJNZ    R4,L3
        MOV     R3,#3
        SETB    P3.5
        AJMP    AA1
AA6:    DJNZ    R3,AA7
        MOV     R5,#24
L5:     MOV     R4,#200
L4:     ACALL   BP
        DJNZ    R4,L4
        DJNZ    R5,L5
        MOV     R3,#3
AA7:    MOV     R5,#40
        ACALL   BP
        DJNZ    R5,AA7
AA8:    CLR     00H
        AJMP    AA1
BP:     CLR     P3.7
        MOV     R7,#250
```

```
L2:     MOV     R6,#124
L1:     DJNZ    R6,L1
        CPL     P3.7
        DJNZ    R7,L2
        SETB    P3.7
        RET
        DELAY   MOV R7,#20
L7:     MOV     R6,#125
L6:     DJNZ    R6,L6
        DJNZ    R7,L7
        RET
        END
```

7.6 系统仿真及调试

若按键 $AN_1 \sim AN_7$ 分别代表数码 $1 \sim 7$，按键 AN_0 代表数码 8，在没有键按下时，P1.0～P1.7 全是高电平 1；若某个键被按下，相应的口线就变为低电平 0。假如设定的密码是 61234578，当按键 AN_6 被按下时，P1.6 变为低电平，P1 端口其余口线为高电平，此时从 P1 端口读入的数值为 10111111，存到 31H 单元的密码值就是 10111111，也就是 BFH。以此类推，存到 32H～38H 单元的密码值分别是 FDH、FBH、F7H、EFH、DFH、7FH、FEH。开锁时必须先按 AN_6，使从 P1 口读入的第一个密码值与 31H 单元存储的设定值相同，再顺序按 AN_1、AN_2、AN_3、AN_4、AN_5、AN_7、AN_0 才能开锁。否则不能开锁，同时开始报警。

项目 8
基于 AT89S51 单片机比赛记分牌的设计

8.1 项目概述

现在大多数比赛活动中都需要向观众和选手展示选手的得分情况，这就需要用到记分牌。而目前市场上，普通记分牌系统都需要几百块，价钱比较昂贵。本文设计的记分牌系统的电路简单、成本较低、灵敏可靠、操作方便，具有较高的推广价值。

8.2 项目要求

设计基于 AT89S51 单片机的记分牌，采用 12MHz 晶振，要求如下：
(1) 启动时显示为 10 分。
(2) 得分时加上相应的分数，失分时减去相应的分数。
(3) 刷新分数的按键按下时，伴随提示音。
(4) 计分的范围设为 0~100。

8.3 系统设计

记分牌的主要用途是展示选手的得分情况，当选手得分时，记分牌需要加上相应的分数。根据项目要求进行系统设计。

8.3.1 框图设计

基于 AT89S51 单片机制作的记分牌由显示模块、按键模块、单片机主控模块、电源模块等组成，系统框图如图 8-1 所示。

8.3.2 知识点

本项目需要通过学习和查阅资料，了解和掌握以下知识。

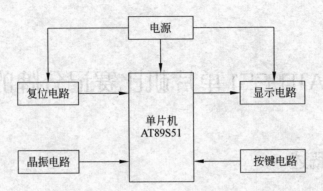

图 8-1 基于 AT89S51 单片机记分牌系统框图

- +5V 电源原理及设计。
- 单片机复位电路工作原理及设计。
- 单片机晶振电路工作原理及设计。
- 按键电路的设计。
- 蜂鸣器驱动电路设计。
- 数码管特性及使用。
- AT89S51 单片机引脚。
- 集成块 74LS06 的使用。
- 单片机汇编语言及程序设计。

8.4 硬件设计

8.4.1 电路原理图

根据上述分析，设计出基于 AT89S51 记分牌电路原理图，如图 8-2 所示。电源电路为单片机以及其他模块提供标准 5V 电源。晶振模块为单片机提供时钟标准，使系统各部分能协调工作。复位电路模块为单片机提供复位功能。单片机作为主控制器，根据输入信号对系统进行相应的控制。显示数码管显示选手当前的得分。按键设置模块用来刷新选手的得分，当选手得分或者失分时可以通过这两个按钮对选手分数重新设置。蜂鸣器用作按键提示，当有按键按下时蜂鸣器发出声音，按键释放时停止发声。

8.4.2 元件清单

基于 AT89S51 单片机记分牌的元件清单如表 8-1 所示。

项目 8 基于 AT89S51 单片机比赛记分牌的设计

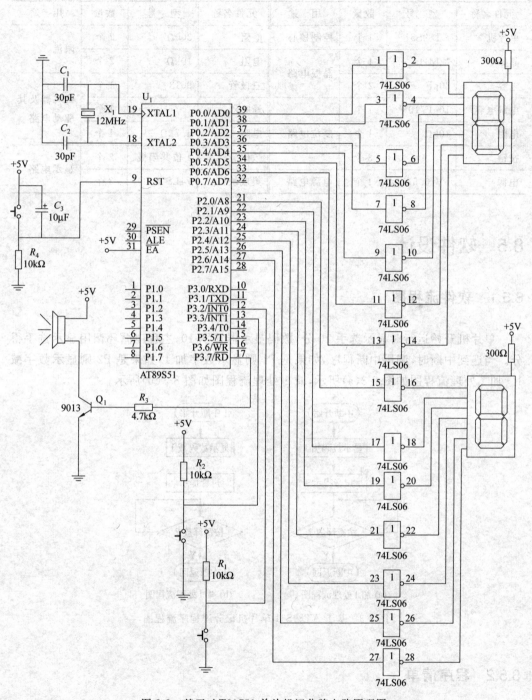

图 8-2 基于 AT89S51 单片机记分牌电路原理图

表 8-1 基于 AT89S51 单片机记分牌元件清单

元件名称	型号	数量	用途	元件名称	型号	数量	用途
单片机	AT89S51	1个	控制核心	电阻	300Ω	2个	限流
晶振	12MHz	1个	晶振电路	电阻	10kΩ	2个	
电容	30pF	2个		三极管	9013	1个	蜂鸣器及其驱动电路
电解电容	10μF/10V	1个	复位电路	蜂鸣器		1个	
电阻	10kΩ	1个		电阻	4.7kΩ	1个	
按键		3个		数码管	1位共阳极	2个	显示电路
电源	5V/0.5A	1个	电源电路	集成块	74LS06	3个	

8.5 软件设计

8.5.1 软件流程图

单片机开始运行时显示选手 10 分,数码显示器显示 10,主程序循环调用显示选手得分。当遇到中断时,调用中断程序,如果是 P1 则显示数字加 1,如果是 P2 则显示数字减 1。加 1 处理流程图如图 8-3(a)所示,减 1 处理流程图如图 8-3(b)所示。

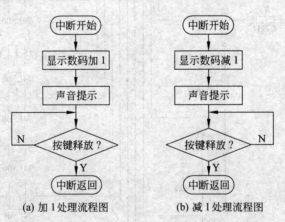

(a) 加 1 处理流程图　　　(b) 减 1 处理流程图

图 8-3 基于 AT89S51 单片机记分牌程序流程图

8.5.2 程序清单

基于 AT89S51 单片机记分牌设计程序清单如下。

```
ORG    0000H
LJMP   MAIN
```

```
            ORG      0003H
            LJMP     JIAYI
            ORG      0013H
            LJMP     JIANYI
            ORG      0040H
COUNT       EQU      30H
MAIN:       MOV      SP,#40H                    ;初始化
            MOV      COUNT,#10H
            SETB     EX0
            SETB     EX1
            SETB     IT0
            SETB     IT1
            SETB     EA
            MOV      DPTR,#SHMBIAO
XSHI:       MOV      A,COUNT                    ;显示得分
            SWAP     A
            ANL      A,#0FH
            MOVC     A,@A+DPTR
            MOV      P0,A
            MOV      A,COUNT
            ANL      A,#0FH
            MOVC     A,@A+DPTR
            MOV      P2,A
            LJMP     XSHI
SHMBIAO:    DB 3FH,06H,5BH,4FH,66H,6DH,7DH,07H,7FH,6FH   ;显示数码表
            ORG 0200H
JIAYI:      MOV      A,COUNT                    ;加1中断处理程序
            ADD      A,#01H
            DA       A
            MOV      COUNT,A
SHYING:     CPL      P3.7                       ;蜂鸣器发声,表示有按键按下
            NOP
            JNB      P3.2,SHYING
            RETI
            ORG      0300H
JIANYI:     CLR      C                          ;减1中断处理程序
            MOV      A,#9AH
            SUBB     A,#01H
            ADD      A,COUNT
            DA       A
            MOV      COUNT,A
SHYING1:    CPL      P3.7                       ;有按键按下,蜂鸣器发出提示音
            NOP
            NOP
            NOP
            JNB      P3.3,SHYING1
            RETI
            END
```

8.6 系统仿真及调试

本项目仿真见教学资源"项目 8"。

应用系统设计完成之后，就要进行硬件调试和软件调试了。软件调试可以利用开发及仿真系统进行调试。硬件调试主要是把电路的各种参数调整到符合设计要求。先排除硬件电路故障，包括设计性错误和工艺性故障。一般原则是先静态，后动态。

（1）硬件调试

利用万用表或逻辑测试仪器，检查电路中的各器件以及引脚的连接是否正确，是否有短路故障。

先要将单片机 AT89S51 芯片取下，对电路板进行通电检查，通过观察看是否有异常，是否有虚焊的情况，然后用万用表测试各电源电压，这些都没有问题后，接上仿真机进行联机调试，观察各接口线路是否正常。

（2）软件调试

软件调试是利用仿真工具进行在线仿真调试，除发现和解决程序错误外，也可以发现硬件故障。

程序调试一般是一个模块一个模块地进行，一个子程序一个子程序地调试，最后连起来统调。在单片机上把各模块程序分别进行调试使其正确无误，可以用系统编程器将程序固化到 AT89S51 的 FLASH ROM 中，接上电源脱机运行。

项目 9

基于 AT89S51 单片机数显交通灯的设计

9.1 项目概述

随着微控技术的日益完善和发展,单片机的应用在不断走向深入。它的应用必定导致传统的控制技术从根本上发生变革。它在工业控制、数据采集、智能化仪表、机电一体化、家用电器等领域得到了广泛应用,极大地提高了这些领域的技术水平和自动化控制水平。

本项目主要从单片机应用上来实现十字路口交通灯智能化的管理,用以控制过往车辆的正常运行。

9.2 项目要求

基于 AT89S51 单片机数显交通灯的设计要求如下:
(1) 东西南北路口直行与转弯交替通行,数码管显示直行通行倒计时。
(2) 红绿黄灯显示包括人行道在内的道路交通状态。
(3) 某一方向道路拥挤时,可以人工控制调节各方向的通行时间。
(4) 紧急情况时,各路口交通灯显示红灯,数码管保持数据不变。

9.3 系统设计

9.3.1 框图设计

按照系统设计的要求和功能,将系统分为主控模块、LED 显示模块、电源电路、复位电路、晶振电路、驱动电路等几个模块,系统组成框图如图 9-1 所示。主控模块采用 AT89S51 单片机,显示模块采用 7 段共阴极 LED 数码管。

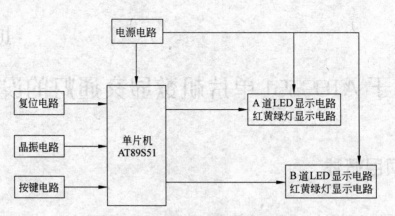

图 9-1 单片机数显交通灯系统组成框图

9.3.2 知识点

本项目需要通过学习和查阅资料，了解和掌握以下知识。
- +5V 电源原理及设计。
- 单片机复位电路工作原理及设计。
- 单片机晶振电路工作原理及设计。
- 按键电路的设计。
- LED 的特性及使用。
- AT89S51 单片机引脚。
- 单片机汇编语言及程序设计。

9.4 硬件设计

9.4.1 电路原理图

基于 AT89S51 单片机数显交通灯系统电路原理图如图 9-2 所示，由于单片机需要高稳定、高频率的实时脉冲，因此需要晶体振荡器。AT89S51 在 XTAL1 和 XTAL2 两管脚上接晶体振荡器，在晶体振荡器的两端并联两个电容 C_1 和 C_2，参数为 30pF，对振荡器频率有微调作用，振荡范围为 1.2～12MHz。时间倒计时显示电路采用 4 个两位共阴极 LED 显示器。排电阻 RP_1 用于单片机 P0 口的上拉电阻。

9.4.2 元件清单

基于单片机数显交通灯的元件清单如表 9-1 所示。

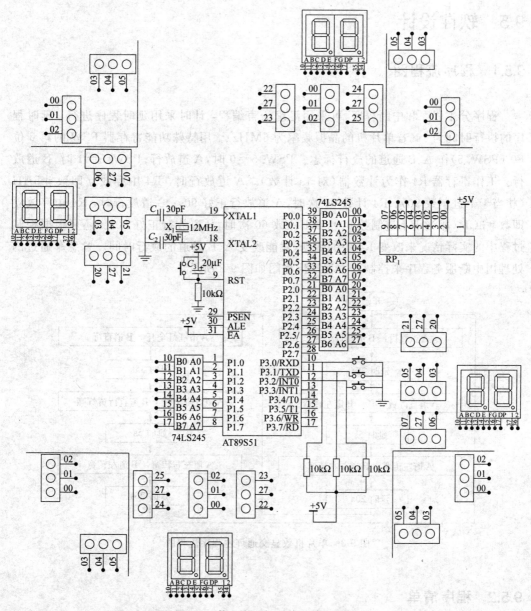

图 9-2 数显交通灯系统电路原理图

表 9-1 基于单片机数显交通灯元件清单

元件名称	型号	数量	用途	元件名称	型号	数量	用途
单片机	AT89S51	1个	控制核心	排电阻	10kΩ	1	上拉电阻
交通灯	红黄绿三色	20个	红黄绿灯显示	数码管	两位共阴极	4个	显示电路
电源 V_{cc}	+5V/1A	1个	提供+5V电源	按键		4个	按键电路
晶振	12MHz	1个	晶振电路	电阻	1kΩ	1个	上拉电路
电容	30pF	2个	晶振电路	电阻	10kΩ	4个	复位电路
电解电容	20μF/10V	1个	复位电路	集成块	74LS245	3个	显示驱动

9.5 软件设计

9.5.1 程序流程图

程序分主程序和中断程序,可采用汇编语言编程,计时采用延时程序进行,延时程序的执行时间为1s(若单片机的晶振频率为6MHz)。用特殊功能寄存器PSW的第6位F0(PSW.5)作A、B通道的放行标志。PSW.5=0时,A道放行;PSW.5=1时,B道放行。工作寄存器R4作为计数器(对1s计数)。A道放行时,R4中存放立即数♯5AH(相当于十进制数90),R4计数90次时,A道放行正好90s;B道放行时,R4中存放立即数♯3CH(相当于十进制数60),R4计数60次时,B道放行正好60s。还可根据控制过程中的实际情况来改变R4中的数据,就能改变A、B通道的放行时间。紧急车通过的处理用中断服务程序来控制。主程序流程图如图9-3所示。

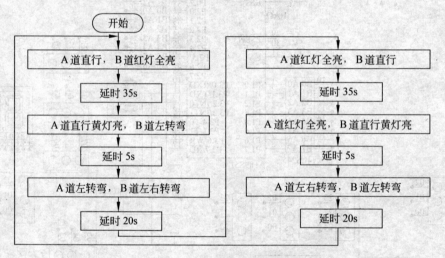

图9-3 单片机数显交通灯主程序流程图

9.5.2 程序清单

基于单片机数显交通灯程序清单如下所示。

```
SNF     EQU   00H              ;南北通行标志位
EWF     EQU   01H              ;东西通行标志位
URF     EQU   02H              ;紧急事件标志位
        ORG   0000H
        LJMP  MAIN             ;上电转主程序
        ORG   000BH            ;定时中断入口
        LJMP  DSZD
        ORG   0003H            ;紧急中断入口
        LJMP  URZD
```

```
            ORG     0030H
MAIN:   LCALL   INIT            ;调用初始化子程序
LOOP:   LCALL   DIS             ;循环执行显示子程序
        AJMP    LOOP
INIT:   SETB    SNF
        SETB    EWF
        SETB    URF
        MOV     R2, #20         ;定时器中断20次为1s
        MOV     TMOD, #01H      ;初始化定时器
        MOV     TL0, #0B0H
        MOV     TH0, #3CH
        SETB    EA              ;开定时中断与紧急中断
        SETB    ET0
        SETB    TR0
        SETB    EX0
        SETB    IT0             ;设置中断程控方式
        MOV     DPTR, #TAB      ;数值首地址放入DPTR中
        MOV     40H, #40        ;设置东南西北通行时间
        MOV     41H, #40
        MOV     30H, #40        ;通行时间初始化
        MOV     31H, #60
        MOV     P0, #4CH        ;初始化时南北通行并把交通灯状态分别放在32H和33H中
        MOV     32H, #4CH
        MOV     P2, #15H
        MOV     33H, #15H
        RET
DIS:    MOV     P3, #0DFH       ;选中南北方向的十位数码管
        MOV     A, 30H          ;送入数码管显示
        MOV     B, #10
        DIV     AB
        MOVC    A, @A+DPTR
        MOV     P1, A
        LCALL   D1MS
        MOV     P3, #0EFH       ;选中南北方向的个位数码管
        MOV     A, B            ;送入数码管显示
        MOVC    A, @A+DPTR
        MOV     P1, A
        LCALL   D1MS
        MOV     P3, #7FH        ;选中东西方向的十位数码管
        MOV     A, 31H          ;送入数码管显示
        MOV     B, #10
        DIV     AB
        MOVC    A, @A+DPTR
        MOV     P1, A
        LCALL   D1MS
        MOV     P3, #0BFH       ;选中东西方向的个位数码管
        MOV     A, B
        MOVC    A, @A+DPTR
```

```
                MOV     P1,A
                LCALL   D1MS
                SETB    P3.0
                SETB    P3.1
                JNB     P3.0,DIS_S          ;查询是否第一个按键按下
                JNB     P3.1,DIS_E          ;查询是否第二个按键按下
                AJMP    DIS_R               ;没有键按下则返回
DIS_S:          LCALL   D5MS                ;按键去抖
                JNB     P3.0,DIS_SN
                AJMP    DIS_R
DIS_SN:         MOV     40H,#50             ;对通行时间重新分配,南北通行时间加长
                MOV     41H,#30
                AJMP    DIS_R
DIS_E:          LCALL   D5MS                ;按键去抖
                JNB     P3.1,DIS_EW
                AJMP    DIS_R
DIS_EW:         MOV     40H,#30             ;东西通行时间加长
                MOV     41H,#50
DIS_R:          RET
DS_C:           LJMP    DS_R                ;接力跳转
DSZD:           PUSH    ACC                 ;保护现场
                PUSH    PSW
                CLR     TR0                 ;关定时器及中断标志位并重新赋值
                CLR     TF0
                MOV     TL0,#0B0H
                MOV     TH0,#3CH
                DJNZ    R2,DS_C             ;判断1s时间是否到达
                MOV     R2,#20              ;到达重新赋值
                DEC     30H                 ;南北方向通行时间减1
                MOV     A,30H               ;把减1后的时间送入显示存储单元
;南北通行到达最后4s时黄灯闪烁
DS_10:          CJNE    A,#4,DS_11          ;如果通行时间剩余4s
                JNB     SNF,DS_11           ;判断是否是南北通行
                MOV     P0,#8AH
                MOV     32H,#8AH            ;把交通灯状态存入存储单元(后面类似)
DS_11:          CJNE    A,#3,DS_12          ;不是剩余3s,返回
                JNB     SNF,DS_12           ;不是南北通行时间,返回
                MOV     P0,#88H
                MOV     32H,#88H
DS_12:          CJNE    A,#2,DS_13
                JNB     SNF,DS_13
                MOV     P0,#8AH
                MOV     32H,#8AH
DS_13:          CJNE    A,#1,DS_14
                JNB     SNF,DS_14
                MOV     P0,#88H
                MOV     32H,#88H
DS_14:          JNZ     DS_NE               ;通行时间没有结束,转向改变东西方向的数码管
                CPL     SNF                 ;如果通行时间结束,则对标志位取反
```

```
            JNB     SNF,DS_1                ;判断是否南北通行
            MOV     30H,40H                 ;是,点亮相应的交通灯
            MOV     P0,#4CH
            MOV     32H,#4CH                ;存储交通灯状态
            MOV     P2,#15H
            MOV     33H,#15H                ;存储交通灯状态
DS_NE:      DEC     31H                     ;东西方向通行时间减1
            MOV     A,31H                   ;把通行剩余时间送入显示存储单元
;东西方向通行时间剩余 4s 黄灯闪烁(程序注释与南北方向类似,略)
DS_20:      CJNE    A,#4,DS_21
            JB      EWF,DS_21
            MOV     P0,#51H
            MOV     32H,#51H
DS_21:      CJNE    A,#3,DS_22
            JB      EWF,DS_22
            MOV     P0,#41H
            MOV     32H,#41H
DS_22:      CJNE    A,#2,DS_23
            JB      EWF,DS_23
            MOV     P0,#51H
            MOV     32H,#51H
DS_23:      CJNE    A,#1,DS_24
            JB      EWF,DS_24
            MOV     P0,#41H
            MOV     32H,#41H
DS_24:      JNZ     DS_R                    ;东西方向时间没有结束,返回
            CPL     EWF                     ;对通行状态取反
            JNB     EWF,DS_2                ;东西方向通行时间到来,跳转
            MOV     31H,#80                 ;东西方向通行结束,重新显示时间
            MOV     P0,#89H                 ;点亮相应的交通灯
            MOV     32H,#89H
            MOV     P2,#29H
            MOV     33H,#29H
            AJMP    DS_R
DS_1:       MOV     30H,#80                 ;南北方向通行时间结束,重新对显示存储单元赋值
            MOV     P0,#89H                 ;执行转弯状态1
            MOV     32H,#89H
            MOV     P2,#26H
            MOV     33H,#26H
            AJMP    DS_NE
DS_2:       MOV     31H,41H                 ;东西方向开始通行,赋值于显示存储单元
            MOV     P0,#61H                 ;点亮相应的交通灯
            MOV     32H,#61H
            MOV     P2,#15H
            MOV     33H,#15H
DS_R:       SETB    TR0
            POP     PSW                     ;恢复现场
            POP     ACC
            RETI
```

```
URZD:   PUSH    ACC                     ;保护现场
        PUSH    PSW
        CLR     IE0                     ;清除中断标志位
        CLR     TR0                     ;关定时器
        CPL     URF                     ;紧急事件标志位
        JB      URF,UR_CON              ;紧急结束,跳转
        MOV     P0,#49H                 ;各路口灯全显示红灯亮
        MOV     P2,#15H
        AJMP    UR_R
UR_CON: SETB    TR0                     ;恢复正常交通
        MOV     A,32H
        MOV     P0,A
        MOV     A,33H
        MOV     P2,A
UR_R:   POP     PSW                     ;恢复现场
        POP     ACC
        RETI
TAB:    DB      3FH,06H,5BH,4FH,66H,6DH
        DB      7DH,07H,7FH,6FH
D5MS:   MOV     R7,#5
D1MS:   MOV     R7,#10
        MOV     R6,#50
L1:     DJNZ    R6,$
        DJNZ    R7,L1
        RET
        END
```

9.6 系统仿真及调试

本项目仿真见教学资源"项目9"。

如果灯不亮,说明硬件电路工作不正常,大致包括以下几种情况:

(1) 振荡电路未起振。可用示波器观察AT89S51的18脚的波形,以确定是否起振。如果没有示波器,可以用万用表分别测18脚和19脚的对地电压。如果两者的电压差在2V左右,说明振荡正常,否则未起振。检测电容C_1、C_2和晶振是否损坏,安装是否正确。

(2) 复位电路未能正常工作。使用万用表测9脚,如果有电压,说明复位电路在正常工作时的状态不正常,检查复位电路的相关连接;如果没有电压,说明正常工作时复位端电平正确,可以测一下复位工作过程是否正常。取一根电线,一端接在单片机的第9脚(RST脚),另一端与正电源端短接,然后撤去电线,如果此时电路工作正常,说明复位电路工作不正常,同样检查复位电路的相关连接。

(3) 如果以上两处均正确,可能是发光二极管的正负极安装错误导致不亮,用电线短接P1端各引脚与地,看接在该引脚上的发光管是否亮,如果不亮,就是发光管装反了。

将下面的这段测试程序的代码通过伟福仿真器进行测试。测试程序如下所示。

```
        MOV    A,#0FEH
LOOP:   MOV    P1,A
        RR     A
        LCALL  DELAY
        AJMP   LOOP
DELAY:  MOV    R7,#255
D1:     MOV    R6,#255
D2:     DJNZ   R6,D2
        DJNZ   R7,D1
        RET
        END
```

项目 10

基于 AT89S51 单片机控制步进电机的设计

10.1 项目概述

步进电机是一种将电脉冲转换成相应角位移或线位移的电磁机械装置,也是一种能把输出机械位移增量和输入数字脉冲对应的驱动器件。步进电机具有快速启动、停止的能力,精度高、控制方便,因此,在工业上得到了广泛的应用。

10.2 项目要求

基于 AT89S51 单片机控制步进电机正反转的设计要求如下:
(1) 开始通电时,步进电机停止转动。
(2) 单片机分别接有按键开关 K_1、K_2 和 K_3,用来控制步进电机的转向,要求如下所示。
按下 K_1 时,步进电机正转;
按下 K_2 时,步进电机反转;
按下 K_3 时,步进电机停止转动。
(3) 正转采用 1 相激磁方式,反转采用 1~2 相激磁方式。

10.3 系统设计

10.3.1 框图设计

根据系统的要求,画出基于 AT89S51 单片机控制步进电机的控制框图,如图 10-1 所示。系统主要包括单片机、复位电路、晶振电路、电源电路、按键电路、步进电机及驱动电路等几部分。

10.3.2 知识点

本项目需要通过学习和查阅资料,掌握以下方面的知识。
- +5V 电源原理及设计。

项目 10 基于 AT89S51 单片机控制步进电机的设计

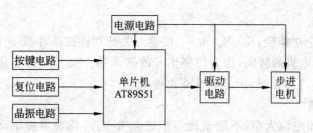

图 10-1 单片机控制步进电机的控制框图

- 单片机复位电路工作原理及设计。
- 单片机晶振电路工作原理及设计。
- 按键电路的设计。
- 光电隔离电路、驱动电路的原理及设计。
- 步进电机工作原理及控制设计。
- AT89S51 单片机引脚。
- 单片机汇编语言及程序设计。

10.4 硬件设计

10.4.1 电路原理图

根据系统框图(图 10-1),可以设计出单片机控制步进电机的硬件电路图,如图 10-2 所示。AT89S51 的晶振频率采用 6MHz,各部分的选择如下所示。

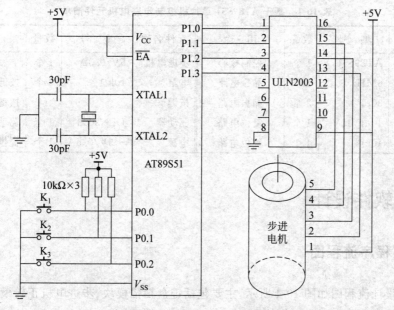

图 10-2 单片机控制步进电机的硬件电路

(1) 按键功能

按键采用 3 个功能键，K_1、K_2 和 K_3 按键开关分别接在单片机的 P0.0～P0.2 引脚上，用来控制步进电机的转向，作为控制信号的输入端。按 K_1 时，步进电机正转；按 K_2 时，步进电机反转；按 K_3 时，步进电机停止转动。

(2) 驱动电路

单片机的输出电流太小，不能直接与步进电机相连，需要增加驱动电路。对于电流小于 0.5A 的步进电机，可以采用 ULN2003 类的驱动 IC。

ULN2003 技术参数如下所示。

- 最大输出电压：50V。
- 最大连续输出电流：0.5A。
- 最大连续输入电流：25mA。
- 功耗：1W。

图 10-3 所示为 2001/2002/2003/2004 系列驱动器引脚图。图 10-3 所示左侧 1～7 引脚为输入端，接单片机 P1 口的输出端；引脚 8 接地；右侧 10～16 引脚为输出端，接步进电机；引脚 9 接电源 +5V。该驱动器可提供最高 0.5A 的电流。

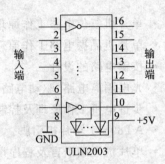

图 10-3　2001～2004 系列驱动器引脚

正转采用 1 相激磁方式，反转采用 1～2 相激磁方式。

10.4.2　元件清单

基于 AT89S51 单片机控制步进电机的元件清单如表 10-1 所示。

表 10-1　基于 AT89S51 单片机控制步进电机元件清单

元件名称	型　号	数量	用　途	元件名称	型　号	数量	用　途
单片机	AT89S51	1个	控制核心	步进电机	5V/0.3A	1个	
晶振	6MHz	1个	晶振电路	电阻	10kΩ	3个	按键电路
电容	30pF	2个	晶振电路	按键		4个	按键电路
电解电容	10μF/10V	1个	复位电路	驱动器	ULN2003	1个	驱动电路
电阻	10kΩ	1个	复位电路	电源	+5V/0.5A	1个	提供+5V电源

10.5　软件设计

10.5.1　程序流程图

程序设计流程图如图 10-4 所示，主要包括键盘扫描模块、步进电机正转模块、步进电机反转模块和步进电机定时模块。

项目 10 基于 AT89S51 单片机控制步进电机的设计

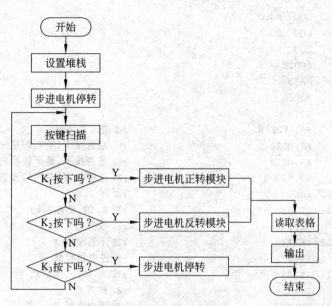

图 10-4 程序设计流程图

步进电机正转采用 1 相激磁方式,正转工作时序如表 10-2 所示;步进电机反转采用 1～2 相激磁方式,工作时序如表 10-3 所示。

表 10-2 1 相激磁方式正转时序

步进数	P1.3	P1.2	P1.1	P1.0	代码
1	1	1	0	0	0FCH
2	1	0	0	1	0F9H
3	0	0	1	1	0F3H
4	0	1	1	0	0F6H

表 10-3 1～2 相激磁方式反转时序

步进数	P1.3	P1.2	P1.1	P1.0	代码
1	0	1	1	1	0F7H
2	0	0	1	1	0F3H
3	1	0	1	1	0FBH
4	1	0	0	1	0F9H
5	1	1	0	1	0FDH
6	1	1	0	0	0FCH
7	1	1	1	0	0FEH
8	0	1	1	0	0F6H

10.5.2 程序清单

程序清单如下所示。

```
            K1      EQU    P0.0
            K2      EQU    P0.1
            K3      EQU    P0.2
            ORG     0000H
            LJMP    MAIN
            ORG     0100H
MAIN:       MOV     SP,50H
STOP:       MOV     P1,#0FFH                    ;步进电机停转
LOOP:       JNB     K1,MZZ2                     ;K1是否按下,是则转正转模块
            JNB     K2,MFZ2                     ;K2是否按下,是则转反转模块
            JNB     K3,STOP1                    ;K3是否按下,是则转步进电机停转
            JMP     LOOP                        ;循环
STOP1:      ACALL   DELAY                       ;按K3键,消除抖动
            JNB     K3,$                        ;K3放开否
            ACALL   DELAY                       ;放开消除抖动
            JMP     STOP                        ;步进电机停转
MZZ2:       ACALL   DELAY                       ;按K1键,消除抖动
            JNB     K1,$                        ;K1放开否
            ACALL   DELAY                       ;放开消除抖动
            JMP     MZZ                         ;转步进电机正转模块
MFZ2:       ACALL   DELAY                       ;按K2键,消除抖动
            JNB     K2,$                        ;K2放开否
            ACALL   DELAY                       ;放开消除抖动
            JMP     MFZ                         ;转步进电机反转模块
;步进电机正转模块程序如下所示
MZZ:        MOV     R0,#00H                     ;置表初值
MZZ1:       MOV     A,R0
            MOV     DPTR,#TABLE                 ;表指针
            MOVC    A,@A+DPTR                   ;取表代码
            JZ      MZ2                         ;是否取到结束码
            MOV     P1,A                        ;从P1输出,正转
            JNB     K3,STOP1                    ;K3是否按下,是则转步进电机停转
            JNB     K2,MFZ2                     ;K2是否按下,是则转反转模块
            ACALL   DELAY                       ;步进电机转速
            INC     R0                          ;取下一个码
            JMP     MZZ1
            RET
;步进电机反转模块程序如下所示
MFZ:        MOV     R0,#05                      ;反转到TABLE表初值
MFZ1:       MOV     A,R0
            MOV     DPTR,#TABLE                 ;表指针
            MOVC    A,@A+DPTR                   ;取表代码
            JZ      MFZ                         ;是否取到结束码
            MOV     P1,A                        ;从P1输出,反转
            JNB     K3,STOP1                    ;K3是否按下,是则转步进电机停转
            JNB     K1,MZZ2                     ;K1是否按下,是则转正转模块
            ACALL   DELAY                       ;步进电机转速
            INC     R0                          ;取下一个码
            JMP     MFZ1
```

```
                RET
DELAY:  MOV     R5, #40                         ;延时20ms
DEL1:   MOV     R6, #248
        DJNZ    R6,$
        DJNZ    R5,DEL1
        RET
;控制代码表
TABLE:  DB      0FCH,0F9H,0F3H,0F6H             ;正转
        DB      00H                             ;正转结束码
        DB      0F7H,0F3H,0FBH,0F9H             ;反转
        DB      0FDH,0FCH,0FEH,0F6H
        DB      00H                             ;反转结束码
        END                                     ;程序结束
```

10.6 系统仿真及调试

应用系统设计完成之后,要进行硬件调试和软件调试。

(1) 硬件调试

硬件调试主要是把电路的各种参数调整到符合设计要求。先排除硬件电路故障,包括设计性错误和工艺性故障。一般原则是先静态,后动态。

利用万用表或逻辑测试仪器,检查电路中的各器件以及引脚的连接是否正确,是否有短路故障。

先要将单片机 AT89S51 芯片取下,对电路板进行通电检查,通过观察看是否有异常,然后用万用表测试各电源电压,这些都没有问题后,接上仿真机进行联机调试,观察各接口线路是否正常。

(2) 软件调试

软件调试是利用仿真工具进行在线仿真调试,除发现和解决程序错误外,也可以发现硬件故障。

项目 11
基于 AT89S51 单片机数字音乐盒的设计

11.1 项目概述

随着社会的发展和进步,许多人性化的电子产品用在人们的日常生活之中,而单片机也被广泛地运用到人们经常接触的事物上,比如在银行交易窗口的滚动字幕,还有各种彩灯的控制。基于 AT89S51 单片机数字音乐盒的设计就是这类产品,它不仅给人们带来了快乐,而且也提高了人们的生活质量。

11.2 项目要求

基于 AT89S51 单片机数字音乐盒的设计要求如下:
(1) 用 AT89S51 单片机的 I/O 口产生一定频率的方波,驱动蜂鸣器,发出不同的音调,从而演奏乐曲。
(2) 共有 10 首乐曲,每首乐曲都由相应的按键控制,并且有开关键、暂停键、上一曲以及下一曲控制键。
(3) LCD 液晶显示歌曲的序号、播放时间,开机时有英文欢迎提示字符。

11.3 系统设计

11.3.1 框图设计

基于 AT89S51 单片机数字音乐盒系统框图如图 11-1 所示。

11.3.2 知识点

本项目需要通过学习和查阅资料,了解和掌握以下方面的知识。
- +5V 电源原理及设计。
- 单片机复位电路工作原理及设计。

项目 11 基于 AT89S51 单片机数字音乐盒的设计

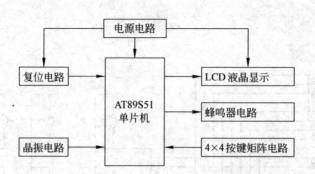

图 11-1 基于 AT89S51 单片机数字音乐盒系统框图

- 单片机晶振电路工作原理及设计。
- 4×4 按键矩阵电路的设计。
- 蜂鸣器电路的特性及使用。
- LCD 液晶显示 LM016L 的特性及使用。
- AT89S51 单片机引脚。
- 单片机汇编语言及程序设计。

11.4 硬件设计

11.4.1 电路原理图

电路原理如图 11-2 所示,4×4 键盘由 P3 端口控制,其中 P3.0~P3.3 端口扫描行,P3.4~P3.7 端口扫描列。

4×4 键盘构成与键盘对应功能如图 11-2 所示。

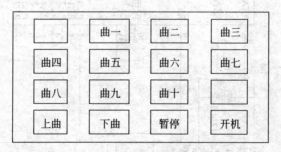

图 11-2 4×4 键盘构成与键盘对应功能图

如图 11-3 所示,LCD 的 DB0~DB7 为传送数据信息引脚,E 为使能信号引脚,而当 RS 为"1"、R/$\overline{W}$ 为"0"时,设定为将数据信息写入 LCD 的数据暂存区。

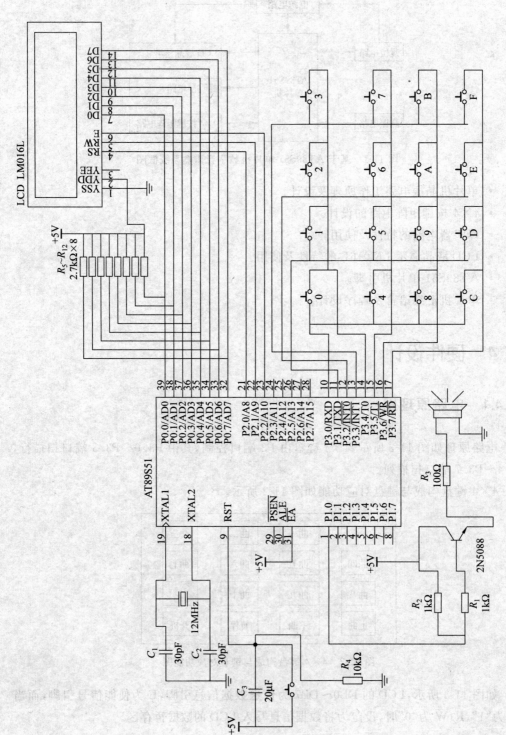

图 11-3 基于 AT89S51 单片机数字音乐盒电路原理图

11.4.2 元件清单

基于 AT89S51 单片机数字音乐盒的元件清单如表 11-1 所示。

表 11-1 基于 AT89S51 单片机数字音乐盒元件清单

元件名称	型号	数量	用途	元件名称	型号	数量	用途
单片机	AT89S51	1个	控制核心	电阻	100Ω	8个	上拉电阻
晶振	12MHz	1个	晶振电路	喇叭	0.5W/8Ω	1个	蜂鸣器
电容	30pF	2个	晶振电路	电阻	1kΩ	2个	蜂鸣器
电解电容	10μF/10V	1个	复位电路	三极管	2N5088	1个	
电阻	10kΩ	1个	复位电路	电源	+5V/0.5A	1个	提供+5V电源
液晶显示器	LM016L	1个	LCD显示				

11.5 软件设计

键盘采用动态扫描方式。每次扫描一行键盘,送此行低电平,读输入口的状态值,判断有没有键按下。若有键按下,根据读入口的值选择显示值并送至显示值寄存单元,判断键值,启动计数器 T0。根据此值为偏移地址找到要选择的音乐的代码的首地址,根据代码产生一定频率的脉冲,驱动蜂鸣器,放出音乐。同时启动定时器 T1,计算音乐的播放时间,并且启动 LCD,在 LCD 上显示序号和播放时间。

11.5.1 程序流程图

主程序流程图和 LCD 显示流程图如图 11-4(a)、(b)所示。

11.5.2 程序清单

基于 AT89S51 单片机数字音乐盒程序清单如下所示。

```
    RS      BIT     P2.0            ;引脚定义,定义液晶显示端口标号
    RW      BIT     P2.1
    E       BIT     P2.2
    L50MS   EQU     60H             ;工作内存定义
    L1MS    EQU     61H
    L250MS  EQU     62H
    SEC     EQU     65H
    MIN     EQU     64H
```

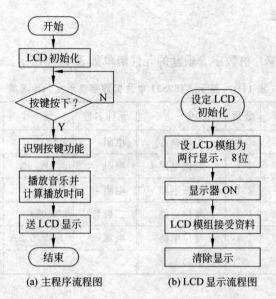

(a) 主程序流程图　　　(b) LCD 显示流程图

图 11-4　主程序流程图和 LCD 显示流程图

```
            HOU   EQU   63H
            ORG   0000H
            LJMP  MAIN
            ORG   000BH                    ;定时器 T0 溢出中断入口地址
            LJMP  TT0
            ORG   001BH                    ;定时器 T1 溢出中断入口地址
            LJMP  T1INT
            ORG   1000H
    MAIN:                                  ;液晶初始化
            MOV   SP, #70H
            MOV   P0, #01H                 ;清屏
            CALL  DISPLAY
            MOV   P0, #38H                 ;8 位,两行显示
            LCALL DISPLAY
            MOV   P0, #0FH                 ;屏显 ON,光标 ON,闪烁 ON
            LCALL DISPLAY
            MOV   P0, #06H                 ;计数地址加 1,显示屏 ON
            LCALL DISPLAY
            LCALL INITIL                   ;内存初始化
    WAIT:   LCALL KEY                      ;键盘扫描,是否有键按下,否则等待
            LCALL MODD
            LJMP  WAIT
    KEY:    NOP
            NOP
            LCALL KS
            JNZ   K1                       ;有按键,转到 K1
            LCALL KAIJI
            LCALL SOP
    XN:     LJMP  KEY
```

```
K1:     LCALL   MODD
        LCALL   MODD
        LCALL   KS
        JNZ     K2
        LJMP    KEY
K2:     MOV     R2,#0FEH                ;读键盘
        MOV     R4,#00H
K3:     MOV     A,R2
        MOV     P1,A
        MOV     A,P1
        JB      ACC.4,L1                ;为1跳转,第一行无按键
        MOV     A,#00H
        LJMP    LK
L1:     JB      ACC.5,L2
        MOV     A,#04H
        LJMP    LK
L2:     JB      ACC.6,L3
        MOV     A,#08H
        LJMP    LK
L3:     JB      ACC.7,NEXT1
        MOV     A,#0CH
LK:     ADD     A,R4
        PUSH    ACC
K4:     LCALL   DELAY1                  ;若同时有其他按键,则等待
        LCALL   KS
        JNZ     K4
        MOV     R3,#07H
        CLR     A
        MOV     R0,#30H
        MOV     R1,#31H
MM1:    MOV     A,@R1
        MOV     @R0,A
        INC     R0
        INC     R1
        DJNZ    R3,MM1
        POP     ACC
        MOV     @R0,A
        RET
NEXT1:  INC     R4                      ;列扫描
        MOV     A,R2
        JNB     ACC.3,N2
        LJMP    N1
N2:     LJMP    KEY
N1:     RL      A
        MOV     R2,A
        LJMP    K3
KS:     MOV     A,#0F0H                 ;判断P1口
        MOV     P1,A
        NOP
```

```
                NOP
                MOV     A,P1
                CPL     A
                ANL     A,#0F0H
                RET
DELAY1:  SETB    RS0
DL:      MOV     R5,#0AH
DL2:     MOV     R6,#63
DL3:     NOP
                NOP
                DJNZ    R6,DL3
                DJNZ    R5,DL2
                CLR     RS0
                RET
INITIL:                                         ;30H~37H初值为零
                MOV     R3,#08H
                MOV     R0,#30H
M1:      MOV     @R0,#00H
                INC     R0
                DJNZ    R3,M1
                RET
MODD:                                           ;显示
                MOV     P0,#8EH
                CALL    DISPLAY
                MOV     A,37H
                MOV     DPTR,#TABLE3
                MOVC    A,@A+DPTR
                CALL    WRITE2
                RET
KAIJI:   MOV     A,37H                          ;开机提示字
                CJNE    A,#0FH,DFF
                MOV     P0,#80H                 ;设光标地址
                CALL    DISPLAY
                MOV     DPTR,#TABLE1            ;写数据
                CALL    WRITE1
DFF:     RET
;按键值播放歌曲
SOP:     MOV     A,37H
                CJNE    A,#01H,A11
                LCALL   MODD
                MOV     52H,#HIGH TABLE10
                MOV     53H,#LOW TABLE10
                LCALL   INITILE2
                LCALL   MAIN0
A11:     CJNE    A,#02H,A22
                LCALL   MODD
                MOV     52H,#HIGH TABLE20
                MOV     53H,#LOW TABLE20
                LCALL   INITILE2
```

```
        LCALL   MAIN0
A22:    CJNE    A,#03H,A33
        LCALL   MODD
        MOV     52H,#HIGH TABLE30
        MOV     53H,#LOW TABLE30
        LCALL   INITILE2
        LCALL   MAIN0
A33:    CJNE    A,#04H,A44
        LCALL   MODD
        MOV     52H,#HIGH TABLE40
        MOV     53H,#LOW TABLE40
        LCALL   INITILE2
        LCALL   MAIN0
A44:    CJNE    A,#05H,A55
        LCALL   MODD
        MOV     52H,#HIGH TABLE50
        MOV     53H,#LOW TABLE50
        LCALL   INITILE2
        LCALL   MAIN0
A55:    CJNE    A,#06H,A66
        LCALL   MODD
        MOV     52H,#HIGH TABLE60
        MOV     53H,#LOW TABLE60
        LCALL   INITILE2
        LCALL   MAIN0
A66:    CJNE    A,#07H,A77
        LCALL   MODD
        MOV     52H,#HIGH TABLE70
        MOV     53H,#LOW TABLE70
        LCALL   INITILE2
        LCALL   MAIN0
A77:    CJNE    A,#08H,A88
        LCALL   MODD
        MOV     52H,#HIGH TABLE80
        MOV     53H,#LOW TABLE80
        LCALL   INITILE2
        LCALL   MAIN0
A88:    CJNE    A,#09H,A99
        LCALL   MODD
        MOV     52H,#HIGH TABLE90
        MOV     53H,#LOW TABLE90
        LCALL   INITILE2
        LCALL   MAIN0
A99:    CJNE    A,#0AH,AAA
        LCALL   MODD
        MOV     52H,#HIGH TABLE100
        MOV     53H,#LOW TABLE100
        LCALL   INITILE2
        LCALL   MAIN0
```

```
AAA:        RET
INITILE2:
            MOV     L50MS, #20
            MOV     L1MS, #00H
            MOV     L250MS, #00H
            MOV     SEC, #00H
            MOV     MIN, #00H
            MOV     HOU, #00H
            MOV     A, HOU
            MOV     B, #10
            DIV     AB
            ADD     A, #30H              ;将 BCD 码转化为 ASCII 码
            MOV     P0, #0C8H            ;显示小时十位
            CALL    DISPLAY
            CALL    WRITE2
            MOV     A, B
            ADD     A, #30H
            MOV     P0, #0C9H            ;显示小时个位
            CALL    DISPLAY
            CALL    WRITE2
            MOV     A, #3AH
            MOV     P0, #0DH             ;显示冒号
            CALL    DISPLAY
            CALL    WRITE2
            MOV     A, MIN
            MOV     B, #10
            DIV     AB
            ADD     A, #30H
            MOV     P0, #0CBH            ;显示分十位
            CALL    DISPLAY
            CALL    WRITE2
            MOV     A, B
            ADD     A, #30H
            MOV     P0, #0CCH            ;显示分个位
            CALL    DISPLAY
            CALL    WRITE2
            MOV     A, #3AH
            MOV     P0, #0CDH            ;显示冒号
            CALL    DISPLAY
            CALL    WRITE2
            MOV     A, SEC
            MOV     B, #10
            DIV     AB
            ADD     A, #30H
            MOV     P0, #0CEH            ;显示秒十位
            CALL    DISPLAY
            CALL    WRITE2
            MOV     A, B
            ADD     A, #30H
```

```
                MOV     P0, #0CFH              ;显示秒个位
                CALL    DISPLAY
                CALL    WRITE2
                MOV     P0, #0C0H              ;设光标地址
                CALL    DISPLAY
                MOV     DPTR, #TABLE2          ;写数据
                CALL    WRITE1
                RET
DISPLAY:        CLR     RS                     ;写指令
                CLR     RW
                CLR     E
                LCALL   DELAY
                SETB    E
                RET
WRITE1:         MOV     R1, #00H               ;写数据
A1:             MOV     A, R1
                MOVC    A, @A+DPTR
                CALL    WRITE2
                INC     R1
                CJNE    A, #0FEH, A1           ;未到字符串末尾继续
                RET
WRITE2:         MOV     P0, A
                SETB    RS
                CLR     RW
                CLR     E
                CALL    DELAY
                SETB    E
                RET
DELAY:          MOV     R4, #05
D1:             MOV     R5, #0FFH
                DJNZ    R5, $
                DJNZ    R4, D1
                RET
TAB:    DB  0C0H,0F9H,0A4H,0B0H,99H,92H,82H,0F8H
        DB  80H,90H,88H,83H,0C6H,0A1H,86H,8EH
TAB1:   DB  89H,86H,0C7H,0C7H,0C0H
TAB2:   DB  0C6H,88H,0C0H
TABLE1: DB  'WELCOM HERE',0FEH
TABLE2: DB  'DFF WB',0FEH
TABLE4: DB  'CAU',0FEH
TABLE3: DB  30H,31H,32H,33h
        DB  34H,35H,36H,37H
        DB  38h,39H,41H,42H
        DB  43H,44H,45H,46H
MAIN0:  MOV     TMOD, #11H                     ;播放歌曲程序
        MOV     IE, #8AH
        MOV     TH1, #3CH
        MOV     TL1, #0B0H
        LCALL   KS
```

```
            JNZ     TTM12
            MOV     40H,#00H
NEXT20:     MOV     A,40H
            MOV     DPH,52H
            MOV     DPL,53H
            MOVC    A,@A+DPTR
            MOV     R2,A
            JZ      STOP
            ANL     A,#0FH
            MOV     R1,A
            MOV     A,R2
            SWAP    A
            ANL     A,#0FH
            JNZ     SING
            CLR     TR0
            JMP     W1
SING:       DEC     A
            MOV     22H,A
            RL      A
            MOV     DPTR,#TABLE00
            MOVC    A,@A+DPTR
            MOV     TH0,A
            MOV     21H,A
            MOV     A,22H
            RL      A
            INC     A
            MOVC    A,@A+DPTR
            MOV     TL0,A
            MOV     20H,A
            SETB    TR0
            SETB    TR1
W1:         LCALL   DELAY30
            INC     40H
            LCALL   KS                              ;有键跳出
            JNZ     STOP
            LJMP    NEXT20
STOP:       CLR     TR0
            CLR     TR1
            LJMP    MAIN0
TTM12:      LCALL   K2
            MOV     A,37H
            CJNE    A,#0EH,TTM13
            CLR     TR1
            LCALL   DELAY1
TTM120:     LCALL   KS
            LCALL   DELAY1
            JZ      TTM120
            LCALL   K2
            MOV     A,37H
```

```
            CJNE    A,#0EH,TTM120
            SETB    TR1
            LJMP    NEXT20
TTM13:      CJNE    A,#0CH,TTM14
            MOV     A,52H
            INC     A
            MOV     52H,A
            MOV     A,53H
            INC     A
            MOV     53H,A
            MOV     A,36H
            INC     A
            MOV     37H,A
            LJMP    TTM2
TTM14:      CJNE    A,#0DH,TTM2
            MOV     A,52H
            DEC     A
            MOV     52H,A
            MOV     A,53H
            DEC     A
            MOV     53H,A
            MOV     A,36H
            DEC     A
            MOV     37H,A
TTM2:       RET
TT0:        PUSH    ACC                 ;定时器中断子程序 0
            PUSH    PSW
            MOV     TL0,20H
            MOV     TH0,21H
            CPL     P3.7
            POP     PSW
            POP     ACC
            RETI
T1INT:      MOV     TH1,#3CH            ;定时器中断子程序 1
            MOV     TL1,#0B0H
            DJNZ    L50MS,X4
            MOV     L50MS,#20
SECSET:                                 ;每秒钟刷新秒显示一次
            MOV     A,SEC
            MOV     B,#10
            DIV     AB
            ADD     A,#30H
            MOV     P0,#0CEH            ;显示秒十位
            CALL    DISPLAY
            CALL    WRITE2
            MOV     A,B
            ADD     A,#30H
            MOV     P0,#0CFH            ;显示秒个位
```

```
            CALL    DISPLAY
            CALL    WRITE2
            MOV     A,SEC
            INC     A
            MOV     SEC,A
            XRL     A,#60
X4:         JNZ     OUT
MINSET:     MOV     SEC,#00H        ;每分钟刷新分显示一次
            MOV     A,MIN
            INC     A
            MOV     MIN,A
            MOV     B,#10
            DIV     AB
            ADD     A,#30H
            MOV     P0,#0CBH        ;显示分十位
            CALL    DISPLAY
            CALL    WRITE2
            MOV     A,B
            ADD     A,#30H
            MOV     P0,#0CCH        ;显示分个位
            CALL    DISPLAY
            CALL    WRITE2
            MOV     A,MIN
            MOV     B,#3
            MUL     AB
            MOV     B,#100
            DIV     AB
            MOV     R2,A
            MOV     A,#10
            XCH     A,B
            DIV     AB
            MOV     A,MIN
            XRL     A,#60
            JNZ     OUT
HOUSET:
            MOV     MIN,#00H        ;每小时刷新小时显示一次
            MOV     A,HOU
            MOV     B,#10
            DIV     AB
            ADD     A,#30H          ;将BCD码转化为ASCII码
            MOV     P0,#0C8H        ;显示小时十位
            CALL    DISPLAY
            CALL    WRITE2
            MOV     A,B
            ADD     A,#30H
            MOV     P0,#0C9H        ;显示小时个位
            CALL    DISPLAY
            CALL    WRITE2
            MOV     A,HOU
```

```
            INC    A
            MOV    HOU,A
            XRL    A,#10
            JNZ    OUT
            SJMP   OVERFLOW
OUT:        RETI                                    ;溢出处理
OVERFLOW:
            MOV    L50MS,#20
            MOV    L1MS,#00H
            MOV    L250MS,#00H
            MOV    SEC,#00H
            MOV    MIN,#00H
            MOV    HOU,#00H
            RETI
DELAY30:
            MOV    R7,#2
W2:         MOV    R4,#125
W3:         MOV    R3,#248
            DJNZ   R3,$
            DJNZ   R4,W3
            DJNZ   R7,W2
            DJNZ   R1,DELAY30
            RET
TABLE00:
            DW 64580,64684,64777,64820
            DW 64898,64968,65030,64260
            DW 64400,64524,65058,63835,64021
TABLE10:    ;第一首《月亮代表我的心》
            DB 02H,82H
            DB 16H,32H,54H,02H,52H
            DB 0A6H,32H,54H,02H,52H
            DB 64H,74H,0B6H,64H
            DB 52H,5CH,32H,22H
            DB 16H,12H,14H,32H,22H
            DB 16H,12H,14H,22H,32H
            DB 26H,12H,94H,22H,32H
            DB 2CH
            DB 32H,52H
            DB 36H,22H,14H,54H
            DB 0ACH,92H,0A2H
            DB 96H,0A2H,96H,82H
            DB 3CH,54H
            DB 36H,22H,14H,54H
            DB 0ACH,92H,0A2H
            DB 16H,12H,14H,22H,32H
            DB 2CH,02H,82H
            DB 16H,32H,56H,12H
            DB 0A6H,32H,56H,52H
            DB 66H,72H,0B6H,62H
```

```
            DB 62H,52H,58H,32H,22H
            DB 16H,12H,14H,32H,22H
            DB 16H,12H,14H,22H,32H
            DB 26H,92H,0A4H,12H,22H
            DB 1CH
            DB 00
TABLE20:    ;第二首《天亮了》
            DB 1BH,04H, 1FH,04H, 20H,04H, 21H,00H, 1AH,04H
            DB 1BH,04H, 1FH,04H, 20H,04H, 21H,14H, 1FH,04H
            DB 20H,04H, 1BH,14H, 17H,04H, 17H,04H, 1AH,03H
            DB 19H,04H, 1AH,04H, 1AH,04H, 1AH,03H, 1AH,16H
            DB 17H,04H, 17H,04H, 19H,03H, 17H,04H, 19H,04H
            DB 19H,04H, 19H,03H, 19H,16H, 17H,04H, 17H,04H
            DB 1AH,03H, 19H,04H, 1AH,04H, 1AH,04H, 1AH,03H
            DB 1AH,16H, 17H,04H, 17H,04H, 19H,03H, 1AH,04H
            DB 1AH,04H, 1AH,04H, 19H,67H, 19H,17H, 19H,04H
            DB 19H,04H, 19H,04H, 19H,03H, 18H,04H, 18H,04H
            DB 18H,03H, 18H,17H, 18H,03H, 19H,03H, 1AH,04H
            DB 1AH,18H, 17H,03H, 17H,16H, 17H,04H, 17H,04H
            DB 17H,04H, 17H,03H, 16H,04H, 16H,04H, 16H,04H
            DB 16H,67H, 16H,02H, 16H,03H, 17H,03H, 18H,03H
            DB 17H,03H, 17H,15H, 17H,04H, 17H,04H, 1AH,03H
            DB 19H,04H, 1AH,04H, 1AH,67H, 1AH,03H, 1AH,03H
            DB 1AH,03H, 17H,04H, 17H,04H, 19H,03H, 1AH,04H
            DB 1AH,04H, 1AH,04H, 19H,67H, 19H,16H, 17H,04H
            DB 17H,04H, 1AH,03H, 19H,04H, 1AH,04H, 1AH,04H
            DB 1AH,67H, 1AH,03H, 1AH,03H, 1AH,03H, 17H,03H
            DB 19H,03H, 1AH,04H, 1AH,04H, 1AH,03H, 19H,03H
            DB 19H,16H, 19H,04H, 19H,04H, 19H,04H, 19H,04H
            DB 18H,67H, 18H,16H, 18H,03H, 19H,03H, 1AH,04H
            DB 1AH,04H, 1AH,03H, 17H,03H, 17H,15H, 17H,04H
            DB 1FH,04H, 1FH,04H, 1BH,67H, 1BH,15H, 17H,04H
            DB 1FH,04H, 1BH,03H, 1AH,03H, 1AH,15H, 1AH,04H
            DB 1BH,04H, 1FH,04H, 20H,03H, 20H,04H, 20H,04H
            DB 20H,04H, 20H,03H, 20H,04H, 20H,04H, 20H,04H
            DB 1FH,04H, 1AH,04H, 1AH,03H, 1AH,04H, 1BH,04H
            DB 1FH,03H, 1FH,04H, 1FH,04H, 1FH,03H, 1FH,04H
            DB 1FH,04H, 1FH,03H, 1BH,04H, 1AH,18H, 1AH,04H
            DB 1FH,04H, 1BH,03H, 1BH,04H, 1BH,18H, 1BH,04H
            DB 1BH,04H, 1BH,03H, 1AH,04H, 1AH,04H, 1AH,03H
            DB 19H,04H, 1AH,04H, 17H,14H, 1AH,04H, 1BH,04H
            DB 1FH,04H, 20H,03H, 20H,03H, 20H,03H, 20H,03H
            DB 20H,04H, 1FH,04H, 1AH,18H, 1AH,04H, 1BH,04H
            DB 1FH,03H, 1FH,04H, 1FH,04H, 1FH,03H, 1FH,03H
            DB 1FH,03H, 1BH,04H, 1AH,18H, 1AH,04H, 1FH,04H
            DB 1BH,04H, 1BH,03H, 1BH,03H, 1BH,02H, 1BH,03H
            DB 15H,04H, 1BH,04H, 1BH,04H, 1AH,04H, 19H,03H
            DB 19H,00H, 1BH,02H, 1BH,04H, 1AH,03H, 1AH,04H
            DB 1AH,00H, 21H,14H, 17H,04H, 1AH,04H, 1BH,04H
```

```
        DB 1FH,04H, 20H,04H, 21H,14H, 1FH,04H, 20H,04H
        DB 1BH,14H, 17H,04H, 17H,04H, 1BH,04H, 1BH,02H
        DB 1BH,04H, 1BH,04H, 1FH,04H, 1BH,03H, 1BH,67H
        DB 1BH,03H, 1BH,04H, 1FH,04H, 1BH,04H, 1AH,04H
        DB 1AH,15H, 1AH,04H, 1BH,04H, 1FH,04H, 1BH,04H
        DB 1AH,03H, 1AH,04H, 1AH,00H, 21H,14H, 17H,03H
        DB 1AH,03H, 1BH,03H, 1FH,03H, 20H,03H, 21H,15H
        DB 1FH,04H, 20H,04H, 1BH,00H, 0DH,03H, 10H,03H
        DB 25H,02H, 21H,02H, 24H,02H, 1FH,00H, 00H
        DB   00
TABLE30:    ;第三首《看我七十二变》
        DB 0d4H,84H,94H,82H,92H
        DB 12H,22H,82H,92H,02H,92H,82H,0d2H
        DB 82H,92H,14H,84H,02H,0d1H,0d1H
        DB 0c2H,0d2H,84H,0d2H,0d2H,82H,82H
        DB 84H,82H,82H,94H,82H,0d2H
        DB 82H,82H,82H,92H,02H,82H,82H,0d2H
        DB 0c4H,84H,0d4H,92H,0d2H
        DB 82H,0d2H,82H,92H,98H
        DB 04H,94H,88H
        DB 04H,94H,88H
        DB 04H,94H,88H
        DB 04H,94H,88H,04H
        DB 32H,32H,22H,12H,02H,92H,12H,92H
        DB 32H,32H,22H,12H,02H,92H,12H,92H
        DB 32H,32H,22H,12H,02H,92H,12H,22H
        DB 54H,44H,34H,12H,22H
        DB 34H,22H,12H,02H,92H,12H,92H
        DB 32H,32H,22H,12H,02H,92H,12H,92H
        DB 32H,32H,22H,12H,02H,92H,12H,22H
        DB 54H,44H,32H,22H,12H,92H
        DB 00
TABLE40:    ;第四首《同一首歌》
        DB 88h,14h,24h,36h,42H,34H,14H,28H,14H,94H
        DB 1fH,88H,14H,24H,34H,32H,42H,54H,14H
        DB 46H,32H,54H,22H,32H,32H,22H,2CH,38H,54H,74H
        DB 76H,62H,68H,54H,52H,62H,74H,62H,52H,3fH
        DB 46H,42H,54H,64H,54H,42H,32H,28H,0a4H,0a2H
        DB 92H,84H,94H,1fH,0b8H,68H,46H,52H,68H
        DB 74H,72H,72H,74H,62H,52H,3fH,0b8H,68H
        DB 46H,52H,68H,64H,62H,62H,64H,42H,32H,2fH
        DB 58H,14H,24H,36H,42H,34H,12H,12H,26H,22H,24H,22H,12H
        DB 94H,9cH,0a8H,0a6H,92H,84H,64H,54H,22H,22H,46H,42H,44H,32H,22H,5fH
        DB 00
TABLE50:    ;第五首《大海》
        DB 82H,92H,12H,14H,12H,14H,92H,82H,12H,14H,22H,14H,92H,12H,22H,24H
        DB 22H,24H,12H,92H,22H,24H,32H,24H,32H,52H,62H,54H,52H,64H,52H,32H
        DB 22H,32H,22H,12H,94H,82H,92H,12H,14H,12H,14H,94H,1cH
        DB 82H,92H,12H,14H,12H,14H,92H,82H,12H,14H,22H,14H,92H,12H,22H,24H
```

```
        DB 22H,24H,12H,92H,22H,24H,32H,24H,32H,52H,62H,54H,52H,64H,52H,32H
        DB 22H,32H,22H,12H,94H,82H,92H,12H,14H,12H,14H,22H,12H,1cH,32H,52H
        DB 62H,64H,62H,64H,0b2H,62H,52H,54H,62H,54H,32H,22H
        DB12H,14H,12H,14H,24H,3cH,32H,22H,12H,14H,12H,14H,0b2H,62H,52H,54H,62H,
        54H,32H,52H
        DB 66H,0b2H,0b4H,62H,52H,5cH,32H,52H,62H,64H,62H,64H,0b2H,62H,52H,54H
        DB 62H,54H,32H,22H,12H,14H,12H,14H,54H,3cH,32H,22H,12H,14H,12H,14H,
        22H,32H
        DB 52H,54H,32H,54H,32H,52H,6fH,04H,02H,92H,32H,24H,12H,1fH
        DB 00
TABLE60:    ;第六首《黄昏》
        DB 10H,03H,10H,03H,11H,03H,15H,03H,10H,03H
        DB 17H,14H,16H,03H,16H,03H,17H,03H,17H,03H
        DB 16H,03H,15H,03H,0FH,03H,10H,14H,0FH,03H
        DB 0FH,03H,10H,03H,10H,03H,0FH,03H,15H,02H
        DB 15H,02H,15H,02H,15H,02H,15H,03H,15H,03H
        DB 15H,03H,16H,17H,15H,03H,16H,03H,15H,03H
        DB 16H,03H,15H,03H,16H,03H,0FH,03H,10H,14H
        DB 10H,03H,10H,03H,11H,03H,15H,03H,10H,03H
        DB 17H,14H,16H,03H,16H,03H,17H,03H,17H,03H
        DB 16H,03H,15H,03H,0FH,03H,10H,14H,0FH,03H
        DB 0FH,03H,10H,03H,10H,03H,0FH,03H,15H,02H
        DB 15H,02H,15H,02H,15H,03H,15H,03H,15H,03H
        DB 16H,17H,15H,03H,16H,03H,15H,03H,16H,03H
        DB 15H,03H,15H,03H,0FH,03H,10H,14H,15H,03H
        DB 15H,03H,16H,03H,16H,03H,17H,03H,17H,03H
        DB 17H,03H,17H,03H,17H,03H,17H,03H,17H,03H
        DB 19H,03H,1AH,03H,19H,03H,19H,03H,16H,17H
        DB 16H,03H,17H,03H,19H,03H,1AH,03H,1AH,03H
        DB 1AH,03H,1AH,03H,1AH,03H,19H,03H,19H,03H
        DB 16H,03H,17H,16H,16H,04H,17H,04H,16H,03H
        DB 17H,03H,19H,03H,17H,03H,10H,16H,10H,03H
        DB 10H,03H,15H,03H,15H,03H,10H,03H,0FH,16H
        DB 0FH,03H,0FH,03H,0DH,03H,0DH,03H,0FH,03H
        DB 0FH,03H,10H,03H,10H,00H,00H
        DB 00
TABLE70:    ;第七首《世上只有妈妈好》
        DB66H,52H,34H,54H,0B4H,62H,52H,68H,34H,52H,62H,54H,34H,12H,92H,52H,32H,28H
        DB 26H,32H,54H,52H,62H,34H,24H,18H,56H,32H,22H,12H,92H,12H,8FH
        DB66H,52H,34H,54H,0B4H,62H,52H,68H,34H,52H,62H,54H,34H,12H,92H,52H,32H,28H
        DB 26H,32H,54H,52H,62H,34H,24H,18H,56H,32H,22H,12H,92H,12H,8FH
        DB66H,52H,34H,54H,0B4H,62H,52H,68H,34H,52H,62H,54H,34H,12H,92H,52H,32H,28H
        DB 26H,32H,54H,52H,62H,34H,24H,18H,56H,32H,22H,12H,92H,12H,8FH
        DB 00
TABLE80:    ;第八首《彩云追月》
        DB 86H,92H,2H,22H,32H,52H,68H,63H,52H,34H,62H,0B2H,0B2H,62H,51H,61H,51H,
        31H,54H
        DB 62H,0B2H,0B2H,62H,52H,32H,52H,52H,51H,61H,51H,31H,34H,52H,62H,74H,32H,
        52H,52H,32H,21H,31H,21H,11H,24H
```

```
        DB 32H,52H,52H,32H,22H,12H,24H,32H,52H,52H,32H,62H,52H,61H,51H,31H,21H,
        21H,31H,21H,11H,1CH
        DB 21H,31H,22H,23H,31H,21H,18H,02H,0B2H,0BCH,0B4H,72H,61H,51H,72H,61H,
        71H,61H,51H,61H,71H,61H,6FH
        DB 86H,94H,12H,22H,32H,52H,64H,62H,51H,31H,52H,21H,31H,21H,33H,62H,0B2H,
        0B2H,62H,51H,61H,51H,31H,54H
        DB 62H,0B2H,72H,61H,51H,51H,61H,51H,31H,54H,61H,0B2H,72H,61H,51H,51H,61H,
        51H,31H,32H,21H,11H,32H,51H,61H,54H
        DB 02H,32H,24H,32H,52H,52H,32H,22H,31H,21H,11H,24H,32H,52H,62H,0B2H,72H,
        61H,51H,61H,51H,31H,32H,52H,52H,32H,62H
        DB 51H,31H,31H,21H,11H,91H,23H,31H,21H,1CH,12H,24H,32H,62H,51H,31H,34H,
        0B4H,72H,61H,51H,63H,71H,64H
        DB 0B2H,54H,72H,62H,71H,61H,54H,61H,51H,31H,21H,34H,73H,61H,54H,22H,32H,
        52H,22H,36H,52H,62H,61H,31H,32H,21H,11H,21H,11H,91H,81H
        DB 94H,52H,62H,52H,42H,32H,22H,32H,52H,0B4H,74H,64H,52H,61H,51H,41H,5CH,
        02H,52H,0B4H,74H,63H,51H,61H,51H,31H,21H
        DB 00
TABLE90:      ;第九首《十年》
        DB 02H,11H,21H,32H,32H,22H,32H,21H,11H,0A1H,91H,92H,0D1H,91H,83H,91H,
        0A2H,91H,81H,94H,11H,0A1H,91H,0A1H,98H,03H,81H,0A1H,0A1H,91H,0A1H
        DB 98H,04H,02H,11H,21H,32H,32H,22H,32H,21H,31H,51H,11H,13H,31H,22H,22H,
        21H,11H,0A1H,11H,13H,11H,11H,0A1H,91H,0A1H
        DB 11H,93H,94H,03H,81H,11H,0A1H,91H,81H,92H,0A1H,91H,94H,08H,03H,81H,32H,
        21H,11H,22H,31H,21H,21H,83H
        DB 01H,11H,91H,0A1H,11H,61H,51H,11H,34H,01H,31H,21H,31H,48H,23H,31H,32H,
        42H,38H,03H,11H,21H,52H,31H
        DB 33H,31H,31H,41H,51H,61H,23H,21H,21H,41H,31H,21H,13H,0D1H,0D1H,21H,11H,
        0A1H,11H,91H,92H,91H,11H,0A1H,91H
        DB 0A1H,31H,31H,22H,0A1H,11H,14H,01H,11H,21H,31H,63H,31H,42H,51H,31H,31H,
        22H,11H,21H,52H,31H,33H,31H,31H,41H
        DB 51H,61H,23H,21H,21H,41H,31H,21H,13H,0D1H,0D1H,21H,11H,0A1H,11H,91H,
        92H,91H,11H,0A1H,91H
        DB 0A2H,41H,31H,22H,31H,21H,12H,12H,11H,11H,21H,31H,63H,51H,32H,11H,21H,
        26H,11H,0A1H,18H
        DB 00
TABLE100:      ;第十首《你的爱给了谁》
        DB 02H,91H,0A1H,16H,21H,11H,0A6H,81H,0A1H,9CH,02H,91H,0A1H,16H,21H,31H,
        24H,21H,0A1H,11H,0A1H
        DB 9CH,02H,11H,21H,36H,32H,24H,21H,0A1H,11H,0A1H,9CH,02H,91H,0A1H,14H,
        11H,11H,21H,11H,0A4H,04H,04H,02H,0A1H,11H,0A1H,93H,92H
        DB 02H,61H,71H,0B4H,0B2H,0B1H,0B1H,76H,0B1H,71H,6CH,02H,61H,71H,0B6H,0B1H,
        0B1H,0B1H,76H,0B1H,71H,6CH,02H,51H,61H,56H,61H,51H,54H,51H,0B1H,71H,0B1H
        DB 72H,62H,68H,02H,61H,51H,66H,62H,58H,0CH,02H,51H,41H,5FH
        DB 02H,91H,0A1H,16H,21H,11H,0A6H,81H,0A1H,9CH,02H,91H,0A1H,16H,21H,31H,
        24H,21H,0A1H,11H,0A1H
        DB 9CH,02H,11H,21H,36H,32H,24H,21H,0A1H,11H,0A1H,9CH,02H,91H,0A1H,14H,
        11H,11H,21H,11H,0A4H,04H,04H,02H,0A1H,11H,0A1H,93H,92H
        DB02H,61H,71H,0B4H,0B2H,0B1H,0B1H,76H,0B1H,71H,6CH,02H,61H,71H,0B6H,0B1H,
        0B1H,76H,0B1H,71H,6CH,02H,51H,61H,56H,61H,51H,54H,51H,0B1H,71H,0B1H
```

```
DB 66H,62H,54H,0B2H,71H,61H,6CH
DB 00
END
```

11.6 系统仿真及调试

本项目仿真见教学资源"项目11"。

应用系统设计完成之后,要进行硬件调试和软件调试。

(1) 硬件调试

硬件调试主要是把电路的各种参数调整到符合设计要求。先排除硬件电路故障,包括设计性错误和工艺性故障。一般原则是先静态,后动态。

利用万用表或逻辑测试仪器,检查电路中的各器件以及引脚的连接是否正确,是否有短路故障。

先要将单片机AT89S51芯片取下,对电路板进行通电检查,通过观察看是否有异常,然后用万用表测试各电源电压,这些都没有问题后,接上仿真机进行联机调试,观察各接口线路是否正常。

(2) 软件调试

软件调试是利用仿真工具进行在线仿真调试,除发现和解决程序错误外,也可以发现硬件故障。

下篇 C语言类

项目 12　基于 AT89S51 单片机 4×4 矩阵键盘的设计

项目 13　基于 AT89S51 单片机带时间与声光提示抢答器的设计

项目 14　基于 AT89S51 单片机简易计算器的设计

项目 15　基于 AT89S51 单片机脉搏测量器的设计

项目 16　基于 AT89S51 单片机 LCD 数字测速仪的设计

项目 17　基于 AT89S51 单片机数字电压表的设计

项目 18　基于 AT89S51 单片机简易频率计的设计

项目 19　基于 AT89S51 单片机数字温度计的设计

项目 20　基于 AT89S51 单片机多模式带音乐跑马灯的设计

项目 12

基于 AT89S51 单片机 4×4 矩阵键盘的设计

12.1 项目概述

随着现代科技日新月异的发展,单片机的应用越来越广。单片机以其体积小、重量轻、功能强大、功耗低等特点而备受青睐。键盘作为一种最为普通的输入工具,在单片机项目的应用上显得尤为重要。

12.2 项目要求

用 AT89S51 单片机并行口 P3 接 4×4 矩阵键盘,以 P3.0~P3.3 作输入线,以 P3.4~P3.7 作输出线;在数码管上显示每个按键的 0~F 序号,对应按键的序号排列如图 12-1 所示。

图 12-1 按键序号排列图

12.3 系统设计

12.3.1 框图设计

按照系统设计要求和功能,将系统分为主控模块、按键扫描模块、LED 显示模块、电源电路、复位电路、晶振电路等几个模块,系统组成框图如图 12-2 所示。主控模块采用 AT89S51 单片机;按键模块有 16 个按键,用于输入键值;显示模块采用 1 位 7 段共阳极

LED 数码管。

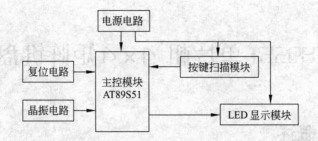

图 12-2 基于 AT89S51 单片机 4×4 矩阵键盘系统组成框图

12.3.2 知识点

本项目需要通过学习和查阅资料，了解和掌握以下知识。
- +5V 电源原理及设计。
- 单片机复位电路工作原理及设计。
- 单片机晶振电路工作原理及设计。
- LED 显示原理及设计。
- AT89S51 单片机引脚。
- 单片机 C 语言及程序设计。

12.4 硬件设计

12.4.1 电路原理图

把系统中单片机的 P3.0～P3.7 端口连接到 4×4 行列式键盘端口上；把系统中单片机的 P0.0/AD0～P0.6/AD6 端口连接到共阳极数码管中的 a～g 端口上。具体要求如下：
- P0.0/AD0 对应 a。
- P0.1/AD1 对应 b。
⋮
- P0.6/AD6 对应 g。

系统电路原理图如图 12-3 所示。

12.4.2 元件清单

基于 AT89S51 单片机 4×4 矩阵键盘的元件清单如表 12-1 所示。

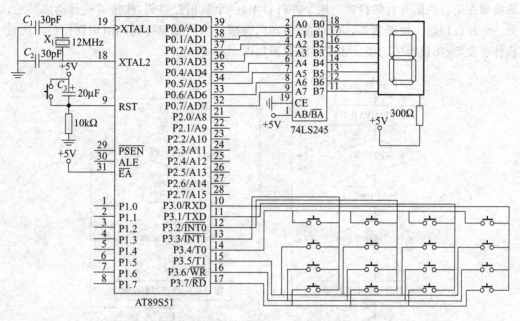

图 12-3　基于 AT89S51 单片机 4×4 矩阵键盘电路原理图

表 12-1　基于 AT89S51 单片机 4×4 矩阵键盘元件清单

元件名称	型　号	数量	用　途
单片机	AT89S51	1 个	控制核心
晶振	12MHz	1 个	晶振电路
电容	30pF	2 个	晶振电路
电解电容	20μF/10V	1 个	复位电路
集成块	74LS245	1 个	显示驱动
数码管	1 位共阳极	1 个	显示电路
按键		17 个	按键电路
电阻	10kΩ	1 个	复位电路
电阻	300Ω	1 个	限流
电源 V_{CC}	+5V/1A	1 个	提供+5V 电源

12.5　软件设计

12.5.1　程序流程图

每个按键有它的行值和列值,行值和列值的组合就是识别这个按键的编码。矩阵的行线和列线通过两个并行接口与 AT89S51 通信。每个按键的状态同样需变成数字量"0"和"1",开关的一端(列线)通过电阻接+5V,而接地是通过程序输出数字"0"实现的。键盘处理程序的任务是:确定有无键按下,判断哪一个键按下,键的功能是什么,还要消除按键在闭合或断开时的抖动。两个并行口中,一个输出扫描码,使按键逐行动态接地;另一个并行口输入按键状态,由行扫描值和回馈信号共同形成键编码而识别按键。通过软件查表,查出该键的功能。主程序流程图如图12-4所示。

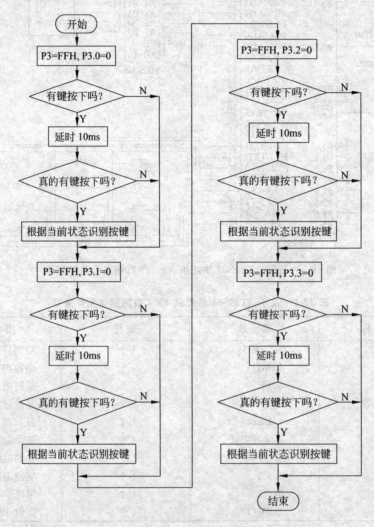

图12-4 基于AT89S51单片机4×4矩阵键盘主程序流程图

12.5.2 程序清单

基于AT89S51单片机4×4矩阵键盘程序清单如下所示。

```
#include
unsigned char code table[]={0x3f,0x06,0x5b,0x4f,
                            0x66,0x6d,0x7d,0x07,
                            0x7f,0x6f,0x77,0x7c,
                            0x39,0x5e,0x79,0x71};
unsigned char temp;
```

```c
unsigned char key;
unsigned char i,j;
void main(void)
{
    while(1)
      {
            p3=0xff;
            p3_4=0;
            temp=p3;
            temp=temp & 0x0f;
            if (temp!=0x0f)
              {
                    for(i=50;i>0;i--)
                    for(j=200;j>0;j--);
                    temp=p3;
                    temp=temp&0x0f;
                    if (temp!=0x0f)
                      {
                        temp=p3;
                        temp=temp&0x0f;
                        switch(temp)
                          {
                                case 0x0e:
                                    key=7;
                                    break;
                                case 0x0d:
                                    key=8;
                                    break;
                                case 0x0b:
                                    key=9;
                                    break;
                                case 0x07:
                                    key=10;
                                    break;
                          }
                        temp=p3;
                        p1_0=~p1_0;
                        p0=table[key];
                        temp=temp&0x0f;
                        while(temp!=0x0f)
                          {
                            temp=p3;
                            temp=temp&0x0f;
                          }
                      }
              }
            p3=0xff;
            p3_5=0;
            temp=p3;
            temp=temp&0x0f;
            if (temp!=0x0f)
```

```c
            {
              for(i=50;i>0;i--)
              for(j=200;j>0;j--);
              temp=p3;
              temp=temp&0x0f;
              if (temp!=0x0f)
                {
                  temp=p3;
                  temp=temp&0x0f;
                  switch(temp)
                    {
                      case 0x0e:
                        key=4;
                        break;
                      case 0x0d:
                        key=5;
                        break;
                      case 0x0b:
                        key=6;
                        break;
                      case 0x07:
                        key=11;
                        break;
                    }
                  temp=p3;
                  p1_0=~p1_0;
                  p0=table[key];
                  temp=temp&0x0f;
                  while(temp!=0x0f)
                    {
                      temp=p3;
                      temp=temp&0x0f;
                    }
                }
            }
        p3=0xff;
        p3_6=0;
        temp=p3;
        temp=temp&0x0f;
        if (temp!=0x0f)
            {
              for(i=50;i>0;i--)
                for(j=200;j>0;j--);
                temp=p3;
                temp=temp&0x0f;
              if (temp!=0x0f)
                {
                    temp=p3;
                    temp=temp&0x0f;
                    switch(temp)
                      {
```

```c
                    case 0x0e:
                        key=1;
                        break;
                    case 0x0d:
                        key=2;
                        break;
                    case 0x0b:
                        key=3;
                        break;
                    case 0x07:
                        key=12;
                        break;
                }
            temp=p3;
            p1_0=~p1_0;
            p0=table[key];
            temp=temp&0x0f;
            while(temp!=0x0f)
                {
        temp=p3;
        temp=temp&0x0f;
                }
            }
    p3=0xff;
    p3_7=0;
    temp=p3;
    temp=temp&0x0f;
    if (temp!=0x0f)
        {
            for(i=50;i>0;i--)
                for(j=200;j>0;j--);
            temp=p3;
            temp=temp&0x0f;
        if (temp!=0x0f)
            {
                temp=p3;
                temp=temp&0x0f;
                switch(temp)
                    {
                        case 0x0e:
                            key=0;
                            break;
                        case 0x0d:
                            key=13;
                            break;
                        case 0x0b:
                            key=14;
                            break;
                        case 0x07:
                            key=15;
```

```
                    break;
                }
            temp=p3;
            p1_0=~p1_0;
            p0=table[key];
            temp=temp&0x0f;
            while(temp!=0x0f)
                {
                    temp=p3;
                    temp=temp&0x0f;
                }
        }
    }
}
```

12.6 系统仿真及调试

　　单片机系统的硬件调试和软件调试是不能分开的,许多硬件错误是在软件调试中被发现和纠正的。但通常是先排除明显的硬件故障以后,再和软件结合起来调试以进一步排除故障。可见硬件调试是基础,如果硬件调试不通过,软件调试则无从做起。

　　(1) 硬件调试

　　首先是硬件静态调试,这类故障往往是由于设计和加工制板过程中的工艺性错误所造成的,主要包括错线、开路、短路。排除的方法是首先将加工的印制板认真对照原理图,看两者是否一致。应特别注意电源系统检查,以防止电源短路和极性错误,并重点检查系统总线(地址总线、数据总线和控制总线)是否相互之间短路或与其他信号线路短路。必要时利用数字万用表的短路测试功能,可以缩短排错时间。

　　在通电前,一定要检查电源电压的幅值和极性,否则很容易造成集成块损坏。加电后检查各插件上引脚的电位,一般先检查 V_{CC} 与 GND 之间的电位,若为 5~4.8V 属正常。若有高压,联机仿真器调试时,将会损坏仿真器等,有时会使应用系统中的集成块发热损坏。

　　(2) LED 显示器部分调试

　　为了使调试顺利进行,首先将 AT89S51 与 LED 显示分离,这样就可以用静态方法先测试 LED 显示,分别用规定的电平加至控制数码管段和位显示的引脚,看数码管显示是否与理论上一致。不一致时,一般为 LED 显示器接触不良所致,必须找出故障。

　　(3) 键盘调试

　　一般显示器调试通过后,键盘调试就比较简单了,完全可以借助于显示器,利用程序进行调试。利用开发装置对程序进行断点设置,通过断点可以检查程序在断点前后的键值变化,这样可知键盘的工作是否正常。

项目 13

基于 AT89S51 单片机带时间与声光提示抢答器的设计

13.1 项目概述

这里设计一个更为复杂、更实用一点的抢答器,它具有时间限制、用时提醒、违规提醒等功能,并且通过声光来提示,功能更全,实用性更强。

13.2 项目要求

基于 AT89S51 单片机抢答器设计的基本要求如下:
(1) 设计一个智力竞赛抢答器,可同时供 8 名选手或 8 个代表队参加比赛,编号为 0、1、2、3、4、5、6、7,各用一个按钮。
(2) 给节目主持人设置 5 个控制开关,用来控制系统的清零和抢答的开始及各种时间的调节控制。
(3) 抢答器具有数据锁存功能、显示功能和声光提示功能。
(4) 主持人可以通过两个时间调节键来调节抢答限制时间和答题限制时间。主持人按下抢答开始按钮后抢答方可开始,且各个环节都有相应的时间限制。

13.3 系统设计

13.3.1 框图设计

基于 AT89S51 单片机带时间和声光提示的抢答器由控制核心 AT89S51 单片机、选手按键、主持人按键、声光提示和数码显示等部分组成,系统框图如图 13-1 所示。

13.3.2 知识点

本项目需要通过学习和查阅资料,了解和掌握以下知识。

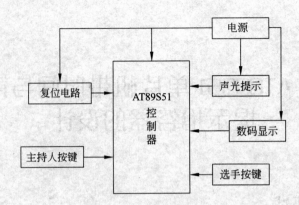

图 13-1 带时间及声光提示的抢答器系统框图

- +5V 电源原理及设计。
- 单片机复位电路工作原理及设计。
- 单片机晶振电路工作原理及设计。
- 按键电路的设计。
- 蜂鸣器功率放大电路设计。
- 数码管特性及使用。
- 驱动电路 74LS07 的特性及使用。
- AT89S51 单片机引脚。
- 单片机 C 语言及程序设计。

13.4 硬件设计

13.4.1 电路原理图

本设计以 AT89S51 为主控器,采用 12MHz 晶振。复位电路采用上电加按键复位。抢答器用 4 位 7 段共阴极的数码管与 P1 口和 P2 口相连作为显示装置。由 P3.1 与 P3.7 接 74LS07 后与蜂鸣器和发光二极管构成声光提示电路。

根据上述分析,设计出基于 AT89S51 单片机抢答器电路原理图,如图 13-2 所示。

13.4.2 元件清单

带时间及声光提示抢答器的元件清单如表 13-1 所示。

项目 13 基于 AT89S51 单片机带时间与声光提示抢答器的设计

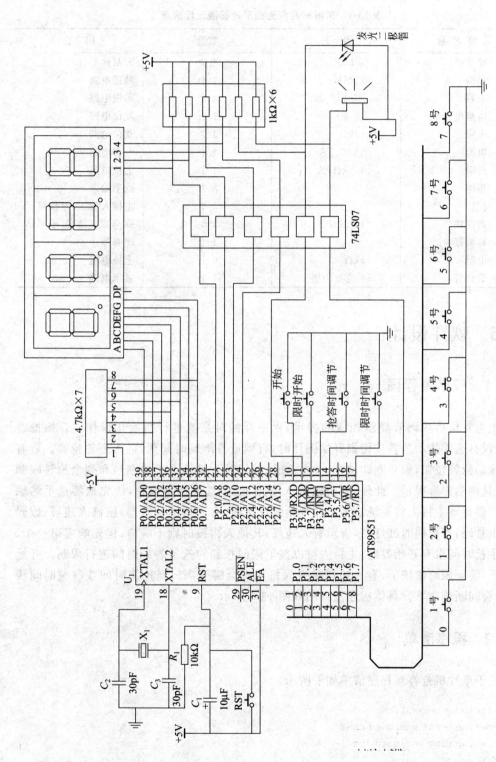

图 13-2 带时间及声光提示抢答器电路原理图

表 13-1　带时间及声光提示抢答器元件清单

元件名称	型号	数量	用途
单片机	AT89S51	1个	控制核心
晶振	12MHz	1个	晶振电路
电容	30pF	2个	晶振电路
电解电容	10μF/10V	1个	复位电路
电阻	10kΩ	1个	复位电路
电源	5V/0.5A	1个	电源电路
排阻	4.7kΩ×7	1个	上拉电阻
按键		8个	选手输入
按键		5个	主持人输入、复位键
集成块	74LS07	1块	蜂鸣器驱动、显示驱动
蜂鸣器		1个	蜂鸣器
电阻	1kΩ	6个	上拉电阻
数码管	4位共阴极	1个	显示电路

13.5　软件设计

13.5.1　程序流程图

上电复位后数码管显示相应的提示，程序开始对系统进行初始化操作。开始抢答后，若没有选手按动抢答按钮则开始倒计时，直到抢答限制时间到，进入下轮抢答。若有选手按动抢答按钮，编号立即锁存，并在 LED 数码管上显示选手的编号和剩余抢答限制时间，且伴随声音提示。此外，要封锁输入电路，禁止其他选手抢答，优先抢答选手的编号一直保持到主持人将系统清零。在开始键没按时，有人按了抢答器，则该人违规，数码管显示号码，与此同时红灯亮，表示有人违规；其他人再按时则不响应，优先响应第一个。若选手长时间没有开始答题，主持人可以按下限时按钮对选手答题时间进行限制。开始键按下、答题限时键按下、有人违规及有人抢答时会嘟一声。当抢答时间或答题时间快到时，会间断响 3 下。具体程序流程图如图 13-3 所示。

13.5.2　程序清单

基于单片机抢答器程序清单如下所示。

```
#include<at89x51.h>
#define uchar unsigned char
#define uint unsigned int
char s;
uchar num=0;
char time=20;                              //抢答时间
```

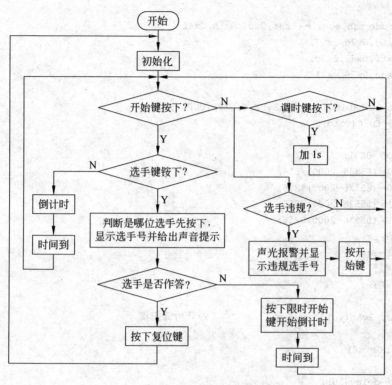

图 13-3 带时间及声光提示抢答器程序流程图

```
char datitime=30;                       //答题限时时间
uint tt,t1;                             //T0、T1 定时器定一秒时
bit flag,s_flag=1,b_flag,fall_flag;     //标志位
bit K_startcountflag,K_timecountflag;   //时间调整标志位
sbit K0= P3^0;
sbit beep= P3^7;                        //蜂鸣器
sbit rled= P3^1;                        //指示灯
sbit K1= P1^0;
sbit K2= P1^1;
sbit K3= P1^2;
sbit K4= P1^3;
sbit K5= P1^4;
sbit K6= P1^5;
sbit K7= P1^6;
sbit K8= P1^7;
sbit K_Time= P3^2;                      //答题计时键
sbit K_startcount= P3^3;                //开始抢答时间调整键
sbit K_timecount= P3^4;                 //答题计时时间调整键
void delay(uchar ms)
{
    uchar y;
    for(;ms>0;ms--)
        for(y=120;y>0;y--);
```

```c
}
uchar code tabledu[]={0x3f,0x06,0x5b,0x4f,
0x66,0x6d,0x7d,0x07,
0x7f,0x6f,0x77,0x7c,
0x39,0x5e,0x79,0x71
};
uchar code tablewe[]={0XFE,0XFD,0XFB,0XF7};
void T0_Init(void)
{
    TMOD=0X01;
    TH0=(65536-2000)/256;
    TL0=(65536-2000)%256;
    TH1=(65536-2000)/256;
    TL1=(65536-2000)%256;
    ET0=1;
    ET1=1;
    EA=1;
    P0=0;
}
void Key_Scan(void)              //开始键扫描
{
    if(K0==0)
    {
        delay(10);
        if(K0==0)
        {
            while(!K0);
            TR0=1;
            s=time;
            tt=0;
            flag=1;
            s_flag=1;
            b_flag=1;
            num=0;
            beep=1;
            rled=1;
            fall_flag=0;             //清除违规标志位
            K_startcountflag=0;
            K_timecountflag=0;
        }
    }
}
void Scan(void)                  //8路热键扫描(哪个键先按下,哪个优先级最高)
{
    if(K1==0)
    {
        delay(10);
        if(K1==0)
        {
```

```c
        while(!K1);
        num=1;                          //数码管显示1号"1"
        TR0=0;                          //关闭定时器0,时间停止
        TR1=1;                          //打开定时器1,使扬声器响一声
        s_flag=0;                       //关闭开始键标志位,使再按其他7个键不会响应
    }
}
if(K2==0)                               //下面7个键的处理同上
{
    delay(10);
    if(K2==0)
    {
        while(!K2);
        num=2;
        TR0=0;
        TR1=1;
        s_flag=0;
    }
}
if(K3==0)
{
    delay(10);
    if(K3==0)
    {
        while(!K3);
        num=3;
        TR0=0;
        TR1=1;
        s_flag=0;
    }
}
if(K4==0)
{
    delay(10);
    if(K4==0)
    {
        while(!K4);
        num=4;
        TR0=0;
        TR1=1;
        s_flag=0;
    }
}
if(K5==0)
{
    delay(10);
    if(K5==0)
    {
        while(!K5);
```

```
            num=5;
            TR0=0;
            TR1=1;
            s_flag=0;
        }
        if(K6==0)
        {
            delay(10);
            if(K6==0)
            {
                while(!K6);
                num=6;
                TR0=0;
                TR1=1;
                s_flag=0;
            }
        }
        if(K7==0)
        {
            delay(10);
            if(K7==0)
            {
                while(!K7);
                num=7;
                TR0=0;
                TR1=1;
                s_flag=0;
            }
        }
        if(K8==0)
        {
            delay(10);
            if(K8==0)
            {
                while(!K8);
                num=8;
                TR0=0;
                TR1=1;
                s_flag=0;
            }
        }
    }
void display(void)
{
    if(flag==1)                     //开始键按下,开始计时抢答
    {
        if(num!=0)                  //如果有人抢答,则显示相应的号码
        {
```

```c
            P0=tabledu[num];           //显示几号抢到了
            P2=tablewe[0];
            delay(2);
            P0=0;
            P2=0XFF;
        }
        else                           //否则没人抢答,则前面不显示号码
        {
            P0=0;
            P2=0XFF;
        }
        P0=tabledu[s/10];              //下面为显示抢答倒计时
        P2=tablewe[2];
        delay(2);
        P0=0;
        P2=0XFF;
        P0=tabledu[s%10];
        P2=tablewe[3];
        delay(2);
        P2=0XFF;
        P0=0;
    }
    else
//如果开始键没按下,则显示 FFF(若有违规者,则显示违规号码及 FF)或时间调整
    {
        if(fall_flag==1)               //违规显示
        {
            if(num!=0)
            {
                P0=tabledu[num];       //显示几号违规了
                P2=tablewe[0];
                delay(2);
                P0=0;
                P2=0XFF;

                P0=tabledu[15];        //下面显示 FF,表示违规了
                P2=tablewe[2];
                delay(2);
                P0=0;                  //消隐
                P2=0XFF;
                P0=tabledu[15];
                P2=tablewe[3];
                delay(2);
                P0=0;
                P2=0XFF;
            }
            else
            {
                P0=0;
```

```
                        P2=0XFF;
                    }
                }
                else                                    //没有人违规才显示调整时间
                {
                    if(K_startcountflag==1)
                    {
                        P0=0X6D;                        //第一位数码管显示"5(S)"(表示抢答时间调整)
                        P2=tablewe[0];
                        delay(2);
                        P0=0;
                        P2=0XFF;
                        P0=tabledu[time/10];            //下面显示调整的抢答时间
                        P2=tablewe[2];
                        delay(2);
                        P0=0;
                        P2=0XFF;
                        P0=tabledu[time%10];
                        P2=tablewe[3];
                        delay(2);
                        P0=0;
                        P2=0XFF;
                    }
                    else if(K_timecountflag==1)
                    {
                        P0=0X07;          //第一位与第二位数码管合起来显示"T",表示答题时间调整
                        P2=tablewe[0];
                        delay(2);
                        P0=0;
                        P2=0XFF;

                        P0=0X31;
                        P2=tablewe[1];
                        delay(2);
                        P0=0;
                        P2=0XFF;

                        P0=tabledu[datitime/10];
                        P2=tablewe[2];
                        delay(2);
                        P0=0;
                        P2=0XFF;

                        P0=tabledu[datitime%10];
                        P2=tablewe[3];
                        delay(2);
                        P0=0;
                        P2=0XFF;
                    }
```

```c
            else                                    //否则显示FFF
            {
                P0=tabledu[15];
                P2=tablewe[0];
                delay(2);
                P0=0;
                P0=tabledu[15];
                P2=tablewe[2];
                delay(2);
                P0=0;                               //消隐
                P2=0XFF;
                P0=tabledu[15];
                P2=tablewe[3];
                delay(2);
                P0=0;
                P2=0XFF;
            }
        }
    }
}
void Time_Scan(void)                                //调整时间键扫描
{
    if(K_startcount==0)                             //抢答时间调整
    {
        delay(10);
        if(K_startcount==0)
        {
            while(!K_startcount);
            time++;
            if(time==50)
            {
                time=20;
            }
            K_startcountflag=1;                     //将抢答时间标志位置1
            K_timecountflag=0;                      //同时关闭答题时间标志位
        }
    }
    if(K_timecount==0)                              //答题时间调整
    {
        delay(10);
        if(K_timecount==0)
        {
            while(!K_timecount);
            datitime++;
            if(datitime==60)
            {
                datitime=30;
            }
            K_timecountflag=1;
```

```c
            K_startcountflag=0;
        }
    }
}
void main(void)
{
    T0_Init();
    while(1)
    {
        Key_Scan();                    //开始键扫描
        if((flag==0)&(s_flag==1))//当开始键没按下及没有人违规时才可进行时间调整
        {
            Time_Scan();
        }
        if((flag==1)&(s_flag==0)) //当开始键按下及有人抢答时才进行开始回答倒计时
        {
            if(K_Time==0)
            {
                delay(10);
                if(K_Time==0)
                {
                    while(!K_Time);
                    s=datitime;
                    TR0=1;
                    tt=0;
                    TR1=1;
                }
            }
        }
        if((flag==0)&(s_flag==1))    //违规
        {
            Scan();
            if(num!=0)                //开始键没有按下时,有人按下了抢答器,则置违规标志位
            {
                fall_flag=1;
                rled=0;
            }
        }
        if((flag==1)&(s_flag==1))
                            //如果开始键按下且抢答键没有人按下,则进行8路抢答键扫描
        {
            Scan();
        }
        display();                    //显示到数码管上
    }
}
void timer0(void) interrupt 1
{
    TH0= (65536-2000)/256;            //2ms
```

```c
        TL0=(65536-2000)%256;
        if(b_flag)                          //开始(START)键按下,"嘟"一声(长1s),表示开始抢答
        {
            beep=~beep;
        }
        else
        beep=1;
        if(s<5)                             //抢答时间快到报警,隔1s响一声且红灯闪烁,响3声
        {
            if(s%2==0)
            {
                b_flag=1;
                rled=0;
            }
            else
            {
                b_flag=0;
                rled=1;
            }
        }
        tt++;
        if(tt==500)         //1s
        {
            tt=0;
            s--;
            b_flag=0;                       //关闭开始键按下响1s的"嘟"声
            if(s==-1)
            {
                s=20;
                TR0=0;
                flag=0;                     //显示FFF
                s_flag=1;
                num=0;
                rled=1;
            }
        }
}
void timer1(void) interrupt 3               //定时器1处理有人按下抢答器"嘟"1声(长1s)
{
    TH1=(65536-2000)/256;
    TL1=(65536-2000)%256;
    beep=~beep;
    t1++;
    if(t1==500)
    {
        t1=0;
        TR1=0;
    }
}}
```

13.6 系统仿真及调试

本项目仿真见教学资源"项目 13"。

应用系统设计完成之后,就要进行硬件调试和软件调试了。软件调试可以利用开发及仿真系统进行调试。

相应按键的功能如下:

(1) 时间调整:在开始键没作用(即没按下)及没有人违规时才有效,每按一次加 1,此时数码管显示"5 时间"、"T 时间"。

(2) 开始键:按下开始抢答,时间从 time 数开始倒计时。

(3) 答题限时键:按下答题计时开始,此键在开始键按了且有人抢答了才有效。

(4) 抢答键:共 8 个,优先响应第一个按下的,当有人已按时,再有人按则不响应。与此同时数码管显示"数字(按下所对应的号码),时间(抢答所对应的时间)",此时按开始键复位或答题限时键才有效。

项目 14

基于 AT89S51 单片机简易计算器的设计

14.1 项目概述

中国古代最早采用的一种计算工具叫筹策,又被叫做算筹。这种算筹多用竹子制成,也有用木头、兽骨充当材料的,约 270 枚一束,放在布袋里可随身携带。17 世纪初,西方国家的计算工具有了较大的发展,英国数学家纳皮尔发明了"纳皮尔算筹",英国牧师奥却德发明了圆柱形对数计算尺,这种计算尺不仅能做加减乘除、乘方、开方运算,甚至可以计算三角函数、指数函数和对数函数。这些计算工具不仅带动了计算器的发展,也为现代计算器的发展奠定了良好的基础,成为现代社会应用广泛的计算工具。

14.2 项目要求

设计基于 AT89S51 单片机的简易计算器,晶振采用 12MHz,要求如下:
(1) 计算器至少能正常显示 8 位数。
(2) 开机时,显示"0";第一次按下时,显示"D1";第二次按下时,显示"D1D2"。
(3) 计算器能对整数进行简单的加、减、乘、除四则运算,在做除法时能自动舍去小数部分。
(4) 运算结果超过可显示的位数时能进行出错提示。

14.3 系统设计

计算器以 AT89S51 单片机为核心,通过扫描键盘来得到数据;另外,通过 CPU 将得到的数据按要求进行运算,并将运算结果送到显示电路进行显示。

14.3.1 框图设计

基于 AT89S51 单片机的简易计算器由电源电路、单片机主控电路、按键控制电路、显示电路和复位电路几部分组成,框图组成如图 14-1 所示。

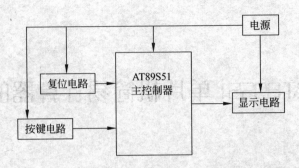

图 14-1 基于 AT89S51 单片机的简易计算器系统框图

14.3.2 知识点

本项目需要通过学习和查阅资料，了解和掌握以下知识。
- 电源原理及设计。
- 单片机复位电路工作原理及设计。
- 单片机晶振电路工作原理及设计。
- 按键电路的设计。
- 驱动电路 74LS07 的特性及使用。
- 7 段数码管的特性及使用。
- AT89S51 单片机引脚。
- 单片机 C 语言及程序设计。

14.4 硬件设计

14.4.1 电路原理图

用成本低廉且易于购买的 7 段数码管作为显示器，显示电路中采用两个 4 位的 7 段共阳极数码管构成 8 位显示，用 P2 口接数码管的位码并以 74LS07 作为驱动。段码直接在 P1 口上用单片机驱动；键盘用单个按键自制一个 4×4 的键盘接在 P3 口上；复位电路采用经典的上电加按键复位。

综上所述，可设计出基于 AT89S51 单片机简易计算器电路图，如图 14-2 所示。

14.4.2 元件清单

基于 AT89S51 单片机简易计算器的元件清单如表 14-1 所示。

项目 14 基于 AT89S51 单片机简易计算器的设计

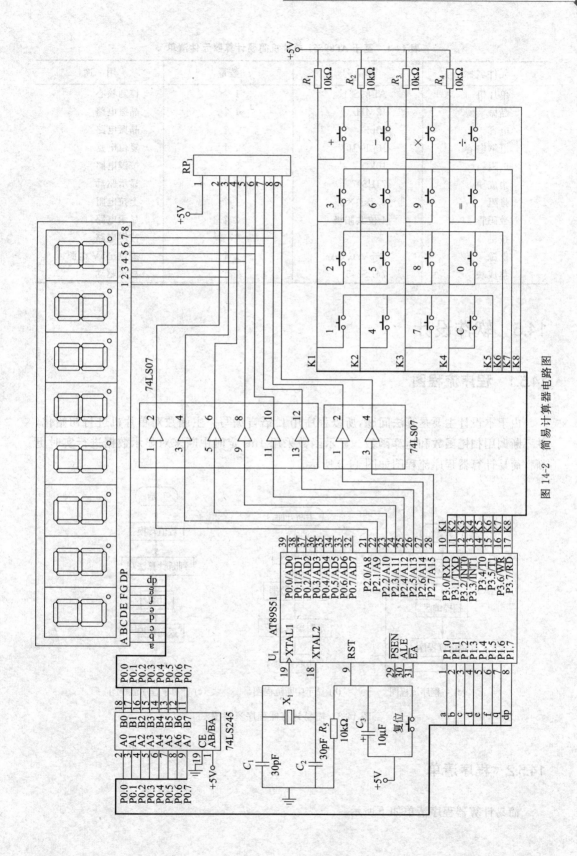

图 14-2 简易计算器电路图

表 14-1 基于 AT89S51 单片机简易计算器元件清单

元件名称	型号	数量	用途
单片机	AT89S51	1个	控制核心
晶振	12MHz	1个	晶振电路
电容	30pF	2个	晶振电路
电解电容	10μF/10V	1个	复位电路
电阻	10kΩ	5个	按键电路
集成块	74LS07	2个	显示驱动
排阻	4.7kΩ×8	1个	上拉电阻
数码管	4位共阳极	2个	显示电路
按键		17个	按键电路
电源	+5V/0.5A	1个	提供+5V电源
集成块	74LS245	1个	显示驱动

14.5 软件设计

14.5.1 程序流程图

由于本设计主要是算法问题,所以程序用 C 语言编写。主函数对单片机进行初始化,并不断调用扫键函数和运算函数。显示函数采用 1ms 定时中断来对显示数据进行实时更新。简易计算器程序流程图如图 14-3 所示。

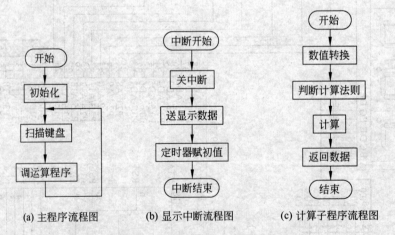

(a) 主程序流程图　　(b) 显示中断流程图　　(c) 计算子程序流程图

图 14-3 简易计算器程序流程图

14.5.2 程序清单

简易计算器程序清单如下所示。

```c
#include<reg51.H>
#define LEDS 8
/***按键程序***/
char keyscan();
/***显示程序***/
void display();
char dsp[9]={0,0,12,12,12,12,12,12,12};              //初始化显示数组
/***计算程序***/
void calculate(char k,char c1[8],char c2[8]);
/***片选***/
unsigned char code Select[]=
{0x01,0x02,0x04,0x08,0x10,0x20,0x40,0x80};
/***码选***/
unsigned char code LED_CODES[]=
{0xC0,0xF9,0xA4,0xB0,0x99,                            //0~4
0x92,0x82,0xF8,0x80,0x90,                             //5~9
0x86,0xAF,0xFF,0x7F,0xBF,};                           //E r 空格 . -
/***main 函数***/
void main(void)
{
    char i,j,k,c;
    char a[8],b[8];
    /***定时 1ms***/
    TMOD=0;
    TL0=-(1000/256);
    TH0=-(1000%256);
    EA=1;                                             //总中断开关
    ET0=1;                                            //开中断
    TR0=1;                                            //启用计数器 0
KSC:do
    {
        for(i=1;i<9;i++)                              //数字录入循环
        {
            dsp[0]=keyscan();
            if(c==2&&dsp[0]<10)   //此段代码验证是否有旧的计算结果在显示,且不再参与新计算
            {
                dsp[1]=dsp[0];
                for(j=2;j<9;j++)
                dsp[j]=12;
                c=0;
            }
            else if(c==2&&dsp[0]>9)  //旧的计算结果将参与新的计算,作为第一个数
            {
                c=0;
            }
            if(dsp[0]==0&&dsp[1]==0&&dsp[2]==12)
                    //个位为 0 且十位为空时按下 0,按键无效,跳回 KSC 等待正确输入
            {
                /***goto 跳转标志***/
```

```c
            goto KSC;
            }
        else if(dsp[0]>9) break;              //有操作符按下,跳出数字录入循环
            else
            {for(j=i;j>0;j--)
             dsp[j]=dsp[j-1];                 //移位,以正确显示数字
            }
        }
    if(i==9)     //判断是否输入 8 个有效数字,是则等待操作符,否则直接判断操作符
        {
        do       //使用 do while,无论是否第一个数都取一次操作符
            {
            dsp[0]=keyscan();                 //获取操作符号
            if(dsp[0]==14||dsp[0]<10)         //按下 C 或者第 9 位数字清零
                {
                dsp[1]=0;
                for(i=2;i<9;i++)
                dsp[i]=12;
                c=0;
                }
            }while((dsp[0]==15)&&(c==0));
                    //等号被按下,等待新的操作符(仅对第一个数字有效)
        }
    else if(dsp[0]==14)                       //按下 C 清零
        {
        dsp[1]=0;
        for(i=2;i<9;i++)
        dsp[i]=12;
        c=0;
        }
        while(dsp[0]==15&&c==0)
                //未输满 8 位且是第一个数字即按下等号,等待非等号操作符
        {
        dsp[0]=keyscan();                     //获取操作符号
        if(dsp[0]==14||dsp[0]<10)             //按下 C 或者数字都进行清零,重新输入 a
            {
            dsp[0]=14;                        //将 dsp[0]置为 14,防止因数字清零未能拦截
            dsp[1]=0;
            for(i=2;i<9;i++)
            dsp[i]=12;
            c=0;
            }
        }
    }while(dsp[0]==14);                       //数字输入未完成即按下 C,重新等待输入
    do
    {
        if(c==0)                              //没有数字输入
        {
        k=dsp[0];                             //存计算符(循环内已排除 C、=、数字)
```

```c
        for(i=0;i<8;i++)                    //将第一个数存入a[8]
            {
            a[i]=dsp[i+1];
            }

        dsp[1]=0;                            //清零
        for(i=2;i<9;i++)
        dsp[i]=12;

        c=1;                                 //已输入a
        /***goto跳转标志***/
        goto KSC;
        }
    else if(c==1)
        {
        for(i=0;i<8;i++)                     //将第二个数存入b[8]
            {
            b[i]=dsp[i+1];
            }
        c=2;                                 //已输入b

        if(dsp[0]!=15)                       //b输完后操作符不是等号
            {
            calculate(k,a,b);
            for(i=0;i<8;i++)                 //将计算结果存入a[8],a值更新
                {
                a[i]=dsp[i+1];
                }
            k=dsp[0];                        //更新计算符
            c=1;
            /***goto跳转标志***/
            goto KSC;
            }
        }
    }while((dsp[0]==15)&&(c<2));             //直到ab输入完成且按下等号

calculate(k,a,b);                            //进行最后计算

/***goto跳转标志***/
goto KSC;                                    //跳回KSC,等待新一轮计算

while(1);                                    //防止程序跑飞
}

char keyscan()
{
char KeyL;
char KeyR;
char j;
```

```c
        do
        {
            do
                {
                    P3=0xF0;
                    P3=P3|0xF0;                         //行扫描 11110000
                    if(P3!=0xF0)
                        {
                        KeyL=P3;
                        P3=0x0F;
                        P3=P3|0x0F;                     //列扫描 00001111
                        KeyR=P3;
                        }
                }while(KeyL==0xF0||KeyR==0x0F);
                for(j=0;j<12;j++)                       //延时 0.001s=1ms
                {;}
        }while(P3!=0x0F);

    switch(KeyL&KeyR)
        {
        case 0x28:{return 0;break;}
        case 0x11:{return 1;break;}
        case 0x21:{return 2;break;}
        case 0x41:{return 3;break;}
        case 0x12:{return 4;break;}
        case 0x22:{return 5;break;}
        case 0x42:{return 6;break;}
        case 0x14:{return 7;break;}
        case 0x24:{return 8;break;}
        case 0x44:{return 9;break;}
        case 0x81:{return 10;break;}                    //加法 (第一行,第四列)
        case 0x82:{return 11;break;}                    //减法(第二行,第四列)
        case 0x84:{return 12;break;}                    //乘法(第三行,第四列)
        case 0x88:{return 13;break;}                    //除法(第四行,第四列)
        case 0x18:{return 14;break;}                    //清零(第四行,第一列)
        case 0x48:{return 15;break;}                    //计算结果(第四行,第三列)
        }
}
void display() interrupt 1 using 1                      //利用定时器中断实现间隔显示
{
char i,j,h;
ET0=0;
for(j=8;j>0;j--)                                        //扫描 8 次
    {
        for(i=7;i>=0;i--)                               //从高位到低位扫描显示
            {
            P2=0;
            P1=LED_CODES[dsp[8-i]];
            P2=Select[i];
```

```c
            for(h=0;h<8;h++)
            {;}
            }
    }
TL0=-(1000/256);
TH0=-(1000%256);
ET0=1;
}
void calculate(char k,char a[8],char b[8])
{
char r[8];
long i,x,y;
i=0;
x=0;
y=0;
for(i=7;i>0;i--)
//数值转化,将代表空格的12转化为数字0,因为个位不显示空格,默认为0,所以不转化
        {
        while(a[i]==12)a[i]=0;
        while(b[i]==12)b[i]=0;
        }
x=a[4];
x=10000*x;
x=x+a[0]+a[1]*10+a[2]*100+a[3]*1000+a[5]*100000+a[6]*1000000+a[7]*10000000;
y=b[4];
y=10000*y;
y=y+b[0]+b[1]*10+b[2]*100+b[3]*1000+b[5]*100000+b[6]*1000000+b[7]*10000000;
if(k==10)                               //加法运算
    {
    x=x+y;
    if(x>99999999)                      //大于8位,显示"Err"
            {
            r[0]=11;                    //r
            r[1]=11;                    //r
            r[2]=10;                    //E
            r[3]=12;                    //空格
            r[4]=12;
            r[5]=12;
            r[6]=12;
            r[7]=12;
            }
        else
            {
            r[0]=x%10;
            r[1]=(x%100)/10;
            r[2]=(x%1000)/100;
            r[3]=(x%10000)/1000;
            r[4]=(x%100000)/10000;
```

```
                r[5]=(x%1000000)/100000;
                r[6]=(x%10000000)/1000000;
                r[7]=x/10000000;
                }
        }
    if(k==11)                              //减法运算
        {
        if(x<y)
            {
            x=y-x;
            if(x>9999999)
                {
                r[0]=11;                   //r
                r[1]=11;                   //r
                r[2]=10;                   //E
                r[3]=12;                   //空格
                r[4]=12;
                r[5]=12;
                r[6]=12;
                r[7]=12;
                }
            else
                {
                r[0]=x%10;
                r[1]=(x%100)/10;
                r[2]=(x%1000)/100;
                r[3]=(x%10000)/1000;
                r[4]=(x%100000)/10000;
                r[5]=(x%1000000)/100000;
                r[6]=(x%10000000)/1000000;
                r[7]=x/10000000;
                for(i=7;i>0;i--)           //将有效数字的高1位转化为"-"号
                    {
                    if(r[i]==0&&r[i-1]!=0)
                        {
                        r[i]=14;
                        break;
                        }
                    }
                }
            }
        else
            {
            x=x-y;
            r[0]=x%10;
            r[1]=(x%100)/10;
            r[2]=(x%1000)/100;
            r[3]=(x%10000)/1000
```

```c
            r[4]=(x%100000)/10000;
            r[5]=(x%1000000)/100000;
            r[6]=(x%10000000)/1000000;
            r[7]=x/10000000;
        }
    if(k==12)                                //乘法运算
        {
        i=x;
        x=x*y;
        if(y==0)
            {
            x=0;
            }
        else if(x>99999999||x<i)
//积大于99999999或者小于乘数都认为是异常,存在其他可能的溢出,须自行辨别
            {
            r[0]=11;                         //r
            r[1]=11;                         //r
            r[2]=10;                         //E
            r[3]=12;                         //空格
            r[4]=12;
            r[5]=12;
            r[6]=12;
            r[7]=12;
            }
        else
            {
            r[0]=x%10;
            r[1]=(x%100)/10;
            r[2]=(x%1000)/100;
            r[3]=(x%10000)/1000;
            r[4]=(x%100000)/10000;
            r[5]=(x%1000000)/100000;
            r[6]=(x%10000000)/1000000;
            r[7]=x/10000000;
            }
        }
    if(k==13)                                //除法运算
        {
        if(y==0)                             //除数不能为0
            {
            r[0]=11;                         //r
            r[1]=11;                         //r
            r[2]=10;                         //E
            r[3]=12;                         //空格
            r[4]=12;
            r[5]=12;
```

```c
                    r[6]=12;
                    r[7]=12;
                }
            else
                {
                    x=x/y;
                    r[0]=x%10;
                    r[1]=(x%100)/10;
                    r[2]=(x%1000)/100;
                    r[3]=(x%10000)/1000;
                    r[4]=(x%100000)/10000;
                    r[5]=(x%1000000)/100000;
                    r[6]=(x%10000000)/1000000;
                    r[7]=x/10000000;
                }
        }
    for(i=7;i>0;i--)                    //数值转化,将高位的无效数字 0 转化为空格符 12
        {
        if(r[i]==0)
            r[i]=12;
            else
                break;
        }
    for(i=0;i<8;i++)                    //将计算结果存入 dsp[9],显示数更新
        {
        dsp[i+1]=r[i];
        }
}
```

14.6 系统仿真及调试

本项目仿真见教学资源"项目 14"。

本设计为一个简易的计算器,应用系统设计完成之后,就要进行硬件调试和软件调试了。软件调试可以利用开发及仿真系统进行调试。硬件调试主要是把电路的各种参数调整到符合设计要求。先排除硬件电路故障,包括设计性错误和工艺性故障。一般原则是先静态,后动态。

先要将单片机 AT89S51 芯片取下,对电路板进行通电检查,通过观察看是否有异常,然后用万用表测试各电源电压,这些都没有问题后,接上仿真机进行联机调试,观察各接口线路是否正常。

单片机 AT89S51 是系统的核心,利用万用表检测单片机电源 V_{cc}(40 脚)是否为+5V、晶振是否正常工作(可用示波器测试,也可以用万用表检测两引脚电压,一般为 1.8~2.3V)、复位引脚 RST(复位时为高电平,单片机工作时为低电平)、$\overline{EA}$ 是否为高电平,如果合乎要求,单片机就能工作了,再结合电路图,检测故障就很容易了。

在调试过程中要注意以下几点：
(1) 注意焊接工艺,避免虚焊、连焊。
(2) 74LS07 和单片机 P0 口一样,需接上拉电阻,可适当更改上拉电阻的大小来调节数码管的显示亮度。
(3) 显示如出现闪烁,可适当地增大定时器 T0 的初值。

项目 15
基于 AT89S51 单片机脉搏测量器的设计

15.1 项目概述

脉搏波所呈现出的形态、强度、速率和节律等方面的综合信息,很大程度上反映出人体心血管系统中许多生理病理的血流特征。人们在心慌或发烧时,总要数一数自己的脉搏,而在家庭急救中,准确测量脉搏对于普通人来说常常不易做到。本文基于单片机设计的脉搏测量器的性能可靠、测量准确、操作简单,具有一定的实用性。

15.2 设计要求

基于 AT89S51 单片机脉搏测量器的设计要求如下:
(1) 要求通过手指测量脉搏跳动。
(2) 准确测量出 1 分钟内脉搏跳动的次数。
(3) 通过数码管显示出 1 分钟内脉搏跳动的次数。
(4) 通过发光二极管显示脉搏的跳动。

15.3 系统设计

15.3.1 框图设计

基于 AT89S51 单片机的脉搏测量器由电源模块、复位电路、晶振电路、AT89S51 单片机、脉搏感应电路、脉搏信号处理电路、脉搏次数显示电路以及脉搏显示发光二极管等组成,系统设计框图如图 15-1 所示。

15.3.2 知识点

本项目需要通过学习和查阅资料,了解和掌握以下知识。
- +5V 电源原理及设计。
- 单片机复位电路工作原理及设计。

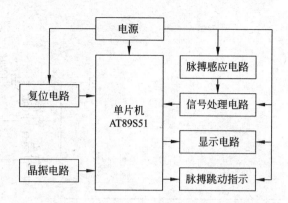

图 15-1 基于 AT89S51 单片机脉搏测量器系统框图

- 单片机晶振电路工作原理及设计。
- 集成芯片 74LS04 的特性及使用。
- 发光二极管的特性。
- AT89S51 单片机引脚。
- 红外发射电路的设计。
- 红外接收电路的设计。
- 信号放大和滤波电路的设计。
- 单片机 C 语言及程序设计。

15.4　硬件设计

15.4.1　电路原理图

根据上述分析,设计出基于 AT89S51 脉搏测量器电路原理图,如图 15-2 所示。工作原理为:电源电路为单片机以及其他模块提供标准 5V 电源;晶振模块为单片机提供时钟标准,使系统各部分能协调工作;复位电路模块为单片机系统提供复位功能;单片机作为主控制器,根据输入信号对系统进行相应的控制;红外发射和接收模块用来检测脉搏信号;信号变换模块用来把红外接收头接收的脉搏信号进行放大和滤波,以便单片机进行处理;显示模块用来显示具体的脉搏测量结果,它会记录脉搏一分钟跳动的次数;发光二极管可以通过发光的形式显示脉搏的跳动。

15.4.2　元件清单

基于 AT89S51 单片机脉搏测量器的元件清单如表 15-1 所示。

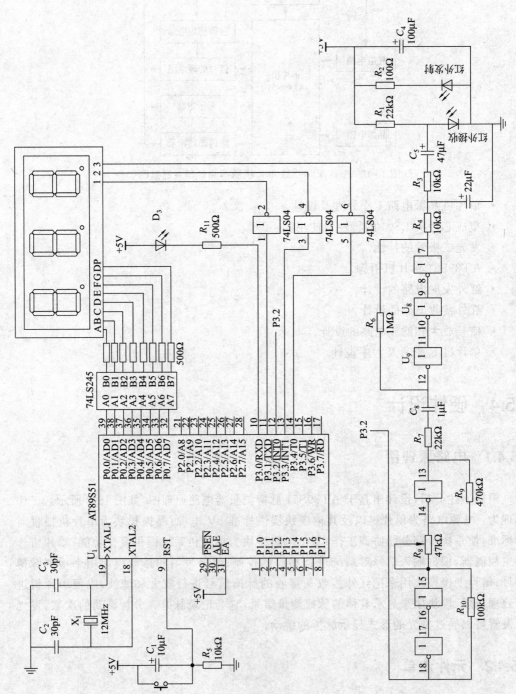

图 15-2 基于 AT89S51 单片机脉搏测量器电路原理图

表 15-1 基于 AT89S51 单片机脉搏测量器元件清单

元件名称	型号	数量	用途	元件名称	型号	数量	用途
单片机	AT89S51	1	控制核心	集成块	CD4069	1	
晶振	12MHz	1	晶振电路	电容	1μF	1	
电容	30pF	2		电解电容	100μF/10V	1	
按键		1		电解电容	22μF/10V	1	
电解电容	10μF/10V	1	复位电路	电解电容	47μF/10V	1	脉搏信号放大和滤波电路
电阻	10kΩ	1		可变电阻	47kΩ	1	
电源	+5V/0.5A	1	电源电路	电阻	10kΩ	2	
红外发射头	PH303	1		电阻	1MΩ	1	
红外接收头	PH302	1	脉搏信号检测电路	电阻	22kΩ	1	
电阻	100Ω	1		电阻	470kΩ	1	
电阻	22kΩ	1		电阻	100kΩ	1	
电阻	500Ω	1	脉搏显示	电阻	500Ω	8	脉搏计数显示电路
发光二极管		1		数码管	3位共阳极	1	
集成块	74LS04	1	显示驱动				
	74LS245	1					

15.5 软件设计

15.5.1 程序流程图

基于 AT89S51 单片机脉搏测量器的程序流程图如图 15-3 所示。其中初始化包含了定时器的选用、优先级的设定和初始值的设置。

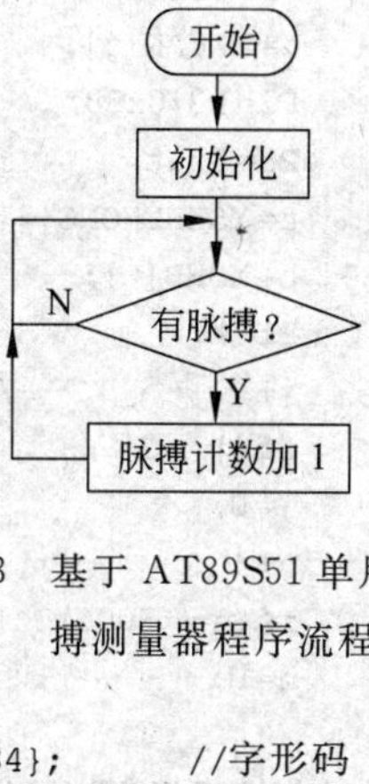

15.5.2 程序清单

基于 AT89S51 单片机脉搏测量器程序清单如下所示。

```
#include<REG52.H>
unsigned char i,j,t,m,YSHSHJIAN,YSHHCHONG[3];
unsigned int n,MBO;
unsigned char code
WXUAN[3]={0xf7,0xef,0xdf};                        //位选
unsigned char code
XSHB[10]={0x81,0xcf,0x92,0x86,0xcc,0xa4,0xa0,0x8f,0x80,0x84};   //字形码
```

图 15-3 基于 AT89S51 单片机脉搏测量器程序流程图

```c
sbit SHRU=P3^0;
void YSHI(YSHSHJIAN);
main()                                      //主程序
{
TMOD=0x01;                                  //定时器T0工作于方式1
TH0=0xec;
TL0=0x78;                                   //T0定时时间为5ms
IE=0X83;                                    //开中断
IT0=1;                                      //外部中断0为边沿触发方式
TR0=1;                                      //开定时器T0
for (;;)                                    //脉搏指示灯控制
{
    if(SHRU==0)
{
YSHI(200);
SHRU=1;
}
}
}
external0 () interrupt 0                    //外部中断服务程序
{
    SHRU=0;                                 //点亮指示灯
    if(n==0)
    MBO=0;
    else
    MBO=12000/n;                            //计算每分钟脉搏数
    YSHHCHONG[2]=MBO%10;                    //取个位数
    MBO=MBO/10;
    YSHHCHONG[1]=MBO%10;                    //取十位数
    YSHHCHONG[0]=MBO/10;                    //取百位数
    n=0;}
Timer0() interrupt 1                        //定时中断服务程序
{
    TH0=0xec;
    TL0=0x78;
    t=WXUAN[j];                             //取位值
    P3=P3|0x38;                             //P3.3~P3.5送1
    P3=P3&t;                                //P3.3~P3.5输出取出的位值
    t=YSHHCHONG[j];                         //取出待显示的数
    t=XSHB[t];                              //取字形码
    P1=t;                                   //字形码由P3输出显示
    j++;            //j作为数码管的计数器,取值为0~2,显示程序通过它确认显示哪个数码管
    if(j==3)
    j=0;
    n++;
    if(n==2000)                             //10秒钟测不到心率,n复位
    n=0;
}
void YSHI(YSHSHJIAN)                        //延时子程序
```

```
    {
        for(;YSHSHJIAN>0;YSHSHJIAN--)
        {
            for(i=0;i<250;i++)
                ;
        }
    }
```

15.6 系统仿真及调试

应用系统设计完成之后,就要进行硬件调试和软件调试了。软件调试可以利用开发及仿真系统进行调试。硬件调试主要是把电路的各种参数调整到符合设计要求。先排除硬件电路故障,包括设计性错误和工艺性故障。一般原则是先静态,后动态。

(1) 硬件调试

利用万用表或逻辑测试仪器,检查电路中的各器件以及引脚的连接是否正确,是否有短路故障。

先要将单片机 AT89S51 芯片取下,对电路板进行通电检查,通过观察看是否有异常,是否有虚焊的情况,然后用万用表测试各电源电压。这些都没有问题后,接上仿真机进行联机调试,观察各接口线路是否正常。

(2) 软件调试

软件调试是利用仿真工具进行在线仿真调试,除发现和解决程序错误外,也可以发现硬件故障。

程序调试一般是一个模块一个模块地进行,一个子程序一个子程序地调试,最后连起来统调。在单片机上把各模块程序分别进行调试使其正确无误,可以用系统编程器将程序固化到 AT89S51 的 FLASH ROM 中,接上电源脱机运行。

项目 16
基于 AT89S51 单片机 LCD 数字测速仪的设计

16.1 项目概述

在现代工业测量系统中,位移量和转速的测量是关键环节。早期的测量系统虽然技术比较成型,但一般是采用分立元件构成的,其结果是测量精度低、稳定性差、成本高、抗干扰能力差等。随着电子技术和计算机技术的发展,测量系统也逐步向智能化转化。本文利用 AT89S51 单片机实现了转速的实时测量,本设计硬件结构的设计简单,测量速度快,精度高,运行可靠,可以满足人们愈来愈高的对速度准确性和实时性的要求。

16.2 项目要求

用 OPTC 光断续器作为测速仪的信号源。当车轮转动一周时,OPTC 光断续器将会产生一个感应信号,再将产生的感应信号转换为数字信号输入单片机,经过数据处理和算法处理后得到车子的实际速度。

16.3 系统设计

16.3.1 框图设计

按照系统设计的要求和功能,将系统分为主控模块、信号输入模块、LCD 显示模块、电源电路、复位电路、晶振电路等几个模块,系统组成框图如图 16-1 所示。主控模块采用 AT89S51 单片机,OPTC 光断续器用于信号输入。

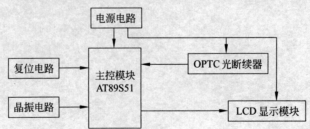

图 16-1 基于 AT89S51 单片机 LCD 数字测速仪系统框图

16.3.2 知识点

本项目需要通过学习和查阅资料,了解和掌握以下知识。
- +5V 电源原理及设计。
- 单片机复位电路工作原理及设计。
- 单片机晶振电路工作原理及设计。
- LM016L 显示原理及设计。
- OPTC 光断续器的特性及使用。
- AT89S51 单片机引脚。
- 单片机 C 语言及程序设计。

16.4 硬件设计

16.4.1 电路原理图

信号输入电路设计时采用的器件是夏普公司生产的 OPTC 光断续器,事实上用其他的器件也是可以的,只要能产生让单片机检测到的脉冲信号就可以了。该光断续器将发光部分的 GaAs 红外发光二极管和感光部分的光电二极管以及信号处理电路(放大器、施密特触发器及稳压电路等)集成在一块芯片上。这种光断续器具有下列特点:体积小,可靠性高;外围电路少;能与 TTL、LSTTL、CMOS 器件直接连接;工作电压范围大(V_{CC} = 4.5~16V)。基于单片机 LCD 数字测速仪电路原理图如图 16-2 所示。

16.4.2 元件清单

基于 AT89S51 单片机 LCD 数字测速仪的元件清单如表 16-1 所示。

表 16-1 基于 AT89S51 单片机 LCD 数字测速仪元件清单

元件名称	型号	数量	用途
单片机	AT89S51	1个	控制核心
晶振	12MHz	1个	晶振电路
电容	30pF	2个	晶振电路
电解电容	20μF/10V	1个	复位电路
电源 V_{CC}	+5V/1A	1个	提供+5V电源
LCD 显示器	LM016L	1个	显示电路
光断续器	OPTC	1个	信号输入电路
电阻	10kΩ	1个	复位电路
电位器	10kΩ	1个	调节电位
按键		1个	复位电路

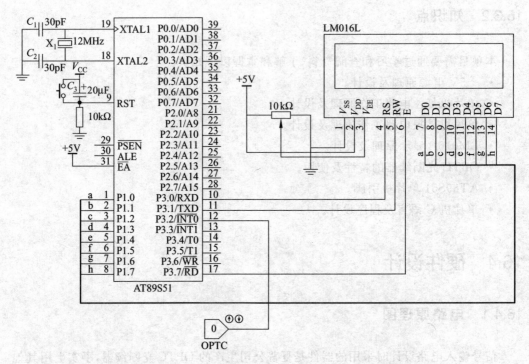

图 16-2 基于 AT89S51 单片机 LCD 数字测速仪电路原理图

16.5 软件设计

16.5.1 程序流程图

通常对于转速或速度的测量可转化为对信号频率(或周期)的检测,对信号频率的检测最常采用的3种方法是计数法、周期法和多倍周期法。其中计数法适合测高频,测低频时所需时间较长,故误差较大。周期法适合测低频,测高频信号时要求的参考脉冲的频率高,故误差大。这两种方法共同的优点是实现比较简单。而多倍周期法在一定程度上可以解决高低频之间的矛盾,但实现相对困难。因为多倍周期法要预先确定一个恰当的倍数 N,而 N 的预先确定是比较困难的。如果 N 确定不当,同样会使检测的时间增长或高频时有较大的误差。在实际设计中,本文对多倍周期法进行了一定的改进,并提出了一个简单确定 N 的算法,既可自动地确定恰当的 N,又可满足高低频信号的检测要求。主程序流程图如图 16-3 所示。

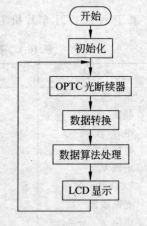

图 16-3 基于单片机 LCD 数字测速仪主程序流程图

16.5.2 程序清单

基于单片机 LCD 数字测速仪程序清单如下所示。

```c
#include "d:\c51\reg51.h"
#include "d:\c51\intrins.h"

sbit LCM_RS=P3^0;
sbit LCM_RW=P3^1;
sbit LCM_EN=P3^7;

#define BUSY        0x80                    //常量定义
#define DATAPORT    P1
#define uchar       unsigned char
#define uint        unsigned int
#define L           50

uchar str0[16],str1[16],count;
uint speed;
unsigned long time;

void ddelay(uint);
void lcd_wait(void);
void display();
void initLCM();
void WriteCommandLCM(uchar WCLCM,uchar BusyC);
void STR();
void account();


/延时 K×1ms,12.000MHz/

void int0_isr(void) interrupt 0          /*遥控使用外部中断 0,接 P3.2 口*/
{
    unsigned int temp;
    time=count;
    TR0=0;
    temp=TH0;
    temp=((temp<<8) | TL0);
    TH0=0x3c;
    TL0=0xaf;
    count=0;
    TR0=1;
    time=time*50000+temp;
}

void time0_isr(void) interrupt 1         /*遥控使用定时计数器 1*/
{
```

```c
    TH0 = 0x3c;
    TL0 = 0xaf;
    count++;
}

void main(void)
{
    TMOD=0x01;              /* TMOD T0 选用方式 1(16 位定时) */
    IP|=0x01;               /* INT0 中断优先 */
    TCON|=0x11;             /* TCON EX0 下降沿触发,启动 T0 */
    IE|=0x83;
    TH0=0x3c;
    TL0=0xaf;

    initLCM();
    WriteCommandLCM(0x01,1);    //清显示屏
    for(;;)
    {
        account();
        display();
    }
}

void account()
{
    unsigned long a;
    if (time!=0)
    {
        a=L*360000000/time;
    }
    speed=a;
}


void STR()
{
    str0[0]='S';
    str0[1]='p';
    str0[2]='e';
    str0[3]='e';
    str0[4]='d';
    str0[5]=' ';
    str0[6]=(speed%100000)/10000+0x30;
    str0[7]=(speed%10000)/1000+0x30;
    str0[8]=(speed%1000)/100+0x30;
    str0[9]='.';
    str0[10]=(speed%100)/10+0x30;
    str0[11]=speed%10+0x30;
```

```c
    str0[12]='k';
    str0[13]='m';
    str0[14]='/';
    str0[15]='h';
}

void ddelay(uint k)
{
    uint i,j;
    for(i=0;i<k;i++)
    {
        for(j=0;j<60;j++)
            {;}
    }
}
```
/写指令到 LCD 子函数/

```c
void WriteCommandLCM(uchar WCLCM,uchar BusyC)
{
    if(BusyC)lcd_wait();
    DATAPORT=WCLCM;
    LCM_RS=0;                            /*选中指令寄存器*/
    LCM_RW=0;                            //写模式
    LCM_EN=1;
    _nop_();
    _nop_();
    _nop_();
    LCM_EN=0;
}
```

/写数据到 LCD 子函数/

```c
void WriteDataLCM(uchar WDLCM)
{
    lcd_wait();                          //检测忙信号
    DATAPORT=WDLCM;
    LCM_RS=1;                            /*选中数据寄存器*/
    LCM_RW=0;                            //写模式
    LCM_EN=1;
    _nop_();
    _nop_();
    _nop_();
    LCM_EN=0;
}
```

/LCD 内部等待函数/

```c
void lcd_wait(void)
```

```c
{
    DATAPORT=0xff;
//读 LCD 前若单片机输出低电平,而读出 LCD 为高电平,则冲突,Proteus 仿真会显示逻辑黄色
    LCM_EN=1;
    LCM_RS=0;
    LCM_RW=1;
    _nop_();
    _nop_();
    _nop_();
    while(DATAPORT&BUSY)
    {   LCM_EN=0;
        _nop_();
        _nop_();
        LCM_EN=1;
        _nop_();
        _nop_();
    }
    LCM_EN=0;
}

/LCD 初始化子函数/
void initLCM()
{
    DATAPORT=0;
    ddelay(15);
    WriteCommandLCM(0x38,0);        //3 次显示模式设置,不检测忙信号
    ddelay(5);
    WriteCommandLCM(0x38,0);
    ddelay(5);
    WriteCommandLCM(0x38,0);
    ddelay(5);

    WriteCommandLCM(0x38,1);        //8bit 数据传送,2 行显示,5×7 字形,检测忙信号
    WriteCommandLCM(0x08,1);        //关闭显示,检测忙信号
    WriteCommandLCM(0x01,1);        //清屏,检测忙信号
    WriteCommandLCM(0x06,1);        //显示光标右移设置,检测忙信号
    WriteCommandLCM(0x0c,1);        //显示屏打开,光标不显示,不闪烁,检测忙信号
}

/显示指定坐标的一个字符子函数/

void DisplayOneChar(uchar X,uchar Y,uchar DData)
{
    Y&=1;
    X&=15;
    if(Y)X|=0x40;                   //若 Y 为 1(显示第二行),地址码+0X40
    X|=0x80;                        //指令码为地址码+0X80
    WriteCommandLCM(X,0);
```

```
        WriteDataLCM(DData);
    }

/*******显示指定坐标的一串字符子函数*****/
void DisplayListChar(uchar X,uchar Y,uchar * DData)
{
    uchar ListLength=0;
    Y&=0x01;
    X&=0x0f;
    while(X<16)
    {
        DisplayOneChar(X,Y,DData[ListLength]);
        ListLength++;
        X++;
    }
}


void display()
{

    STR();
    DisplayListChar(0,0,str0);
    DisplayListChar(0,1,str1);
}
```

16.6 系统仿真及调试

本项目仿真见教学资源"项目 16"。

单片机系统的硬件调试和软件调试是不能分开的,许多硬件错误是在软件调试中被发现和纠正的。但通常是先排除明显的硬件故障以后,再和软件结合起来调试以进一步排除故障。可见硬件的调试是基础,如果硬件调试不通过,软件调试则是无从做起。

硬件调试主要是把电路的各种参数调整到符合设计要求。先排除硬件电路故障,包括设计性错误和工艺性故障。一般原则是先静态,后动态。硬件静态调试主要是检测电路是否有短路、断路、虚焊等,检测芯片引脚焊接是否有错位,数码管段位是否焊接正确。

利用万用表或逻辑测试仪器,检查电路中的各器件以及引脚的连接是否正确,是否有短路故障。

在通电前,一定要检查电源电压的幅值和极性,否则很容易造成集成块损坏。加电后检查各插件上引脚的电位,一般先检查 V_{CC} 与 GND 之间的电位,若为 5~4.8V 属正常。

单片机 AT89S51 是系统的核心,利用万用表检测单片机电源 V_{CC}(40 脚)是否为 +5V、晶振是否正常工作(可用示波器测试,也可以用万用表检测两引脚电压,一般为 1.8~2.3V)、复位引脚 RST(复位时为高电平,单片机工作时为低电平)、$\overline{EA}$是否为+高电平,如果合乎要求,单片机就能工作了,再结合电路图,故障检测就很容易了。

项目 17

基于 AT89S51 单片机数字电压表的设计

17.1 项目概述

本项目介绍一种基于 AT89S51 单片机的数字电压表的设计,该电路采用 ADC0809 高精度 A/D 转换芯片,测量范围为直流电压 0～5V,用 LED 数码管显示。

17.2 项目要求

用单片机 AT89S51 与 ADC0809 设计数字电压表,4 位数码显示,能够较准确地测量 0～5V 之间的直流电压值,测量最小分辨率为 0.02V。

17.3 系统设计

17.3.1 框图设计

按照系统设计要求和功能,将系统分为主控模块、A/D 转换模块、LED 显示模块、电源电路、复位电路、晶振电路、驱动电路等几个模块,系统组成框图如图 17-1 所示。主控模块采用 AT89S51 单片机;A/D 转换模块采用 ADC0809 芯片,用于模/数转换;显示模块采用 4 位 7 段共阳极 LED 数码管。

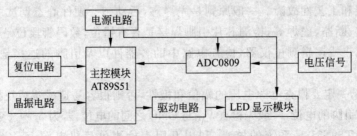

图 17-1 单片机数字电压表系统框图

17.3.2 知识点

本项目需要通过学习和查阅资料，了解和掌握以下知识。
- +5V 电源原理及设计。
- 单片机复位电路工作原理及设计。
- 单片机晶振电路工作原理及设计。
- LED 显示原理及设计。
- 驱动芯片 74LS07 和模/数转换芯片 ADC0809 的特性及使用。
- AT89S51 单片机引脚。
- 单片机 C 语言及程序设计。

17.4 硬件设计

17.4.1 电路原理图

单片机的 P1.0~P1.7 作为 4 位动态数码显示管的段显示控制，P2.0~P2.3 作为 4 位动态数码显示管的位显示控制。系统电路原理图如图 17-2 所示。

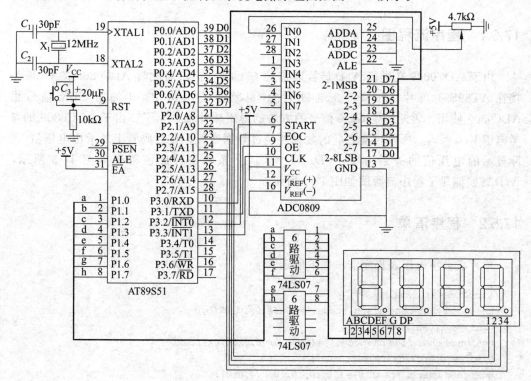

图 17-2　单片机数字电压表电路原理图

17.4.2 元件清单

单片机数字电压表的元件清单如表 17-1 所示。

表 17-1 单片机数字电压表元件清单

元件名称	型 号	数量	用 途
单片机	AT89S51	1个	控制核心
集成块	74LS07	2个	驱动电路
晶振	12MHz	1个	晶振电路
电容	30pF	2个	晶振电路
电解电容	20μF/10V	1个	复位电路
电源 V_{CC}	+5V/1A	1个	提供+5V 电源
数码管	4 位共阳极	1个	显示电路
A/D 转换芯片	ADC0809	1个	模/数转换
电阻	1kΩ	1个	上拉电路
电阻	10kΩ	1个	复位电路
电位器	4.7kΩ	1个	调节电位

17.5 软件设计

17.5.1 程序流程图

由于 ADC0809 在进行 A/D 转换时需要有 CLK 信号,而此时 ADC0809 的 CLK 是接在 AT89S51 单片机的 P3.3 端口上的,也就是要求从 P3.3 输出 CLK 信号供 ADC0809 使用。因此产生 CLK 信号的方法就得用软件来产生了。由于 ADC0809 的参考电压 $V_{REF}=V_{CC}$,所以转换之后的数据要经过数据处理。在数码管上显示出电压值,实际显示的电压值的关系为 $V_0 = D/256 \times V_{REF}$。系统主程序流程图如图 17-3 所示,A/D 转换测量子程序流程图如图 17-4 所示。

17.5.2 程序清单

单片机数字电压表程序清单如下所示。

```
#include<at89x52.h>
unsigned char code dispbitcode[]={0xfe,0xfd,0xfb,0xf7,
0xef,0xdf,0xbf,0x7f};
unsigned char code dispcode[]={0x3f,0x06,0x5b,0x4f,0x66,
0x6d,0x7d,0x07,0x7f,0x6f,0x00};
unsigned char dispbuf[8]={10,10,10,10,0,0,0,0};
```

项目 17 基于 AT89S51 单片机数字电压表的设计

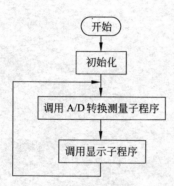

图 17-3 系统主程序流程图

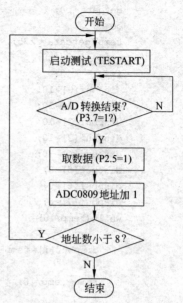

图 17-4 A/D 转换测量子程序流程图

```
unsigned char dispcount;
unsigned char getdata;
unsigned int temp;
unsigned char i;
sbit st=p3^0;
sbit oe=p3^1;
sbit eoc=p3^2;
sbit clk=p3^3;
void main(void)
{
    st=0;
    oe=0;
    et0=1;
    et1=1;
    ea=1;
    tmod=0x12;
    th0=216;
    tl0=216;
    th1=(65536-4000)/256;
    tl1=(65536-4000)%256;
    tr1=1;
    tr0=1;
    st=1;
    st=0;
    while(1)
    {
      if(eoc==1)
        {
          oe=1;
```

```c
            getdata=p0;
            oe=0;
            temp=getdata*235;
            temp=temp/128;
            i=5;
            dispbuf[0]=10;
            dispbuf[1]=10;
            dispbuf[2]=10;
            dispbuf[3]=10;
            dispbuf[4]=10;
            dispbuf[5]=0;
            dispbuf[6]=0;
            dispbuf[7]=0;
            while(temp/10)
              {
                dispbuf[i]=temp%10;

                temp=temp/10;
                i++;
              }
            dispbuf[i]=temp;
            st=1;
            st=0;
          }
       }
    }
void t0(void) interrupt 1 using 0
{
  clk=~clk;
}
void t1(void) interrupt 3 using 0
{
  th1=(65536-4000)/256;
  tl1=(65536-4000)%256;
  p1=dispcode[dispbuf[dispcount]];
  p2=dispbitcode[dispcount];
  if(dispcount==7)
    {
      p1=p1|0x80;
    }
  dispcount++;
  if(dispcount==8)
    {
      dispcount=0;
    }
}
```

17.6 系统仿真及调试

由于单片机为 8 位处理器,当输入电压为 5.00V 时,ADC0809 输出数据值为 255(FFH),因此单片机最高的数值分辨率为 0.0196V(5/255)。这就决定了该电压表的最高分辨率只能达到 0.0196V,测试时电压一般有 0.02V 的幅度变化。如果要获得更高的精度要求,则应采用 12 位、13 位的 A/D 转换器。

项目 18
基于 AT89S51 单片机简易频率计的设计

18.1 项目概述

在电子技术中,频率是最基本的参数之一,并且与许多电参量的测量方案、测量结果都有十分密切的关系,因此频率的测量就显得更为重要了。本项目主要阐述选择 AT89S51 单片机作为核心器件,采用模块化布局,设计一个简易数字频率计测量频率并进行显示。

18.2 项目要求

基于 AT89S51 单片机简易频率计的设计要求如下:
(1) 测量范围为幅度 0.5~5V,频率 1Hz~1MHz。
(2) 测试误差≤0.1%。
(3) 用 4 位数码管显示。当频率变化时,能通过数码管及时看到变化后的信号频率。

18.3 系统设计

基于 AT89S51 单片机简易频率计的电路主要由数码管显示电路、复位电路、晶振电路、电源电路等几部分组成。

18.3.1 框图设计

基于 AT89S51 单片机简易频率计系统框图如图 18-1 所示。

18.3.2 知识点

本项目需要通过学习和查阅资料,了解和掌握以下知识。
- +5V 电源原理及设计。
- 单片机复位电路工作原理及设计。

项目 18 基于 AT89S51 单片机简易频率计的设计

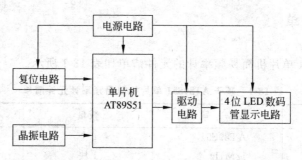

图 18-1　基于 AT89S51 单片机简易频率计系统框图

- 单片机晶振电路工作原理及设计。
- 频率源信号发生器 4060 的特性及使用。
- 驱动电路 74LS07、74LS244 的特性及使用。
- AT89S51 单片机引脚。
- 单片机 C 语言及程序设计。

18.4　硬件设计

18.4.1　电路原理图

基于 AT89S51 单片机简易频率计电路原理图如图 18-2 所示。

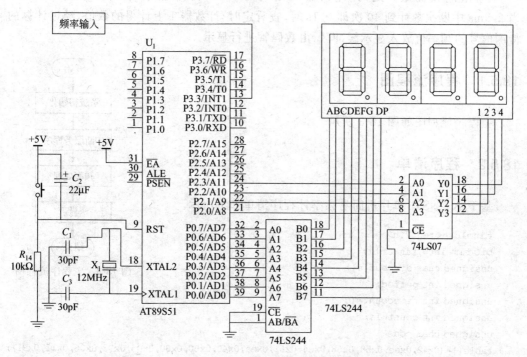

图 18-2　基于 AT89S51 单片机简易频率计电路原理图

18.4.2 元件清单

基于 AT89S51 单片机简易频率计的元件清单如表 18-1 所示。

表 18-1 基于 AT89S51 单片机简易频率计元件清单

元件名称	型号	数量	用途
单片机	AT89S51	1 个	控制核心
晶振	12MHz	1 块	晶振电路
电容	30pF	2 个	晶振电路
电解电容	22μF/10V	1 个	复位电路
电阻	10kΩ	1 个	复位电路
驱动器	74LS244	1 个	LED 驱动
驱动器	74LS07	1 个	LED 驱动
数码管	4 位共阳极	1 个	显示电路
按键		1 个	复位电路
电源	+5V/0.5A	1 个	提供+5V 电源

18.5 软件设计

本项目利用单片机的内部定时器溢出产生中断来实现定时。待测信号由单片机的 T1 中断来间接测量。定时/计数器 0 定时 2.5ms 中断,并对中断次数进行计数,当 2.5ms 中断次数计到 40 次即 0.1s 时,查看定时/计数器 1 上计得的数值,经过计算的待测信号的频率值放入显示缓冲区,由数码管进行显示。

18.5.1 程序流程图

主程序流程图如图 18-3 所示。

18.5.2 程序清单

基于 AT89S51 单片机简易频率计程序清单如下所示。

```
#include<reg52.h>
bit timeint0,timeint1;
unsigned char dispbuf[4];
unsigned int period;
unsigned int timecount=0;
unsigned int count_1s;
unsigned char code
table[]={0x42,0xee,0x58,0x68,0xe4,0x61,0xea,0x40,0x60,0x80,0x05,0x13,0x06,0x11,0x91};
```

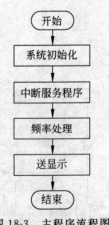

图 18-3 主程序流程图

```
                            //7段数码管代码表
HEX_TO_BCD(unsigned int n)    //十六进制数转BCD码子程序,将BCD码送至显示缓存数组
{
    unsigned char i;                      //当显示的频率超出范围时,显示EEEE报错
    if (n>9361) for(i=0;i<4;i++) dispbuf[i]=0x0e;
    else
    {
        dispbuf[3]=n/1000;          //取出千位字节
        dispbuf[2]=(n/100)%10;      //取出百位字节
        dispbuf[1]=(n/10)%10;       //取出十位字节
        dispbuf[0]=n%10;            //取出个位字节
    }
}

void scandisp(void)   //显示子程序,将显示缓存数组中的BCD码扫描并显示在数码管上
{
    unsigned char posi=0xfe;
    unsigned char i,j,temp;
    for(i=0;i<4;i++)                      //依次选中4个数码管
    {
        temp=dispuf[i];
        //查出字码
        temp=table[temp];
        //第3位显示小数点
        ifi(i==1) {for(j=0;j<200;j++) {P2=posi;P0=temp&0xbf;}}
        else      {for(j=0;j<200;j++) (P2=posi;P0 =temp;)}
        //依次点亮字位
        posi<<=1;
    }
}

void INIT_TMR1INT(void)       //定时器初始化子程序,定义了两种定时器工作方式
{
    //定时/计数器0工作在定时器方式,定时/计数器1工作在计数器方式
    TMOD=0x5I;
    ET1=1;
    //中断0开中断
    ET0=1;
    //CPU开中断
    EA=1;
    //启动定时/计数器0开始定时
    TR0=1;
    TR1=1;
}
void time0(void)interrupt 1    //定时器0中断服务程序,系统自动调用,每2.5ms执行一次
{
    TH0=0xf7;
    timeint0=1;
```

```
            //每次定时是 2.5 ms,40 次即 0.1s
            if(++count_1s>40)
                {
                    count_1s=0;
                    //每 0.1s 对计数器 1 所计数值进行统计
                    timecount=TH1*256+TL1;
                    TH1=0;
                    TL1=0;
                    //精确到小数点后 1 位,以 kHz 为单位
                    period=timecount/10;
                    //四舍五入显示
                    if((timecount%10)>4) period++;
                    timecount=0;
                    HEX_TO_BCD(period);
                }
        }
        void timer1(void) interrupt 3         //定时器 1 中断服务程序,溢出后中断,系统自动调用
        {
            TH1=0x00;
            TL1=0x00;
        }
        void main(void)                       //主函数
        {
            //初始化
            INIT_TMR1INT();
            while(1)
            {
            //显示子程序
            scandisp();
            }
        }
```

18.6 系统仿真及调试

(1) 硬件调试

硬件的调试主要是把电路各种参数调整到符合设计要求。先排除硬件电路故障,包括设计性错误和工艺性故障。一般原则是先静态,后动态。

利用万用表或逻辑测试仪器,检查电路中的各器件以及引脚的连接是否正确,是否有短路故障。

先要将单片机 AT89S51 芯片取下,对电路板进行通电检查,通过观察看是否有异常,是否有虚焊的情况,然后用万用表测试各电源电压,这些都没有问题后,接上仿真机进行联机调试,观察各接口线路是否正常。

(2) 软件调试

软件调试是利用仿真工具进行在线仿真调试,除发现和解决程序错误外,也可以发现硬件故障。

程序调试一般是一个模块一个模块地进行,一个子程序一个子程序地调试,最后连起来统调。在单片机上把各模块程序分别进行调试使其正确无误,可以用系统编程器将程序固化到 AT89S51 的 FLASH ROM 中,接上电源脱机运行。

项目 19

基于 AT89S51 单片机数字温度计的设计

19.1 项目概述

在生活和生产中，人们经常要用到一些测温设备，但是传统的测温设备具有制作成本高、硬件电路和软件设计复杂等缺点。基于 AT89S51 的数字温度计具有制作简单、成本低、读数方便、测温范围广和测温准确等优点，应用前景广泛。

19.2 项目要求

基于 AT89S51 单片机数字温度计的具体要求如下：
(1) 温度值用 LED 显示。
(2) 测温范围为 $-30\sim100$℃，且测量误差不得大于 ±0.5℃。
(3) 成品的体积、质量要尽可能小。

19.3 系统设计

19.3.1 框图设计

根据设计要求分析，基于 AT89S51 单片机数字温度计由 AT89S51 单片机控制器、电源、显示电路、温度传感器、复位电路和时钟电路组成，系统框图如图 19-1 所示。电源

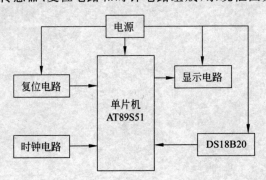

图 19-1 基于 AT89S51 单片机数字温度计系统框图

给整个电路供电,显示电路显示温度值,时钟电路为 AT89S51 提供时钟频率。传感器采用美国 DALLAS 半导体公司生产的一种智能温度传感器 DS18B20,其测温范围为 $-55\sim125℃$,最高分辨率可达 $0.0625℃$,完全符合设计要求。

19.3.2 知识点

本项目需要通过学习和查阅资料,了解和掌握以下知识。
- +5V 电源原理及设计。
- 单片机复位电路工作原理及设计。
- 单片机晶振电路工作原理及设计。
- 按键电路的设计。
- 数码管的特性及使用。
- DS18B20 的特性及使用。
- 74LS07 的特性及使用。
- AT89S51 单片机引脚。
- 单片机 C 语言程序设计。

19.4 硬件设计

19.4.1 电路原理图

控制器使用单片机 AT89S51,测温传感器使用 DS18B20,用 4 位共阳极 LED 数码管以动态扫描法实现温度显示,电路图如图 19-2 所示。

19.4.2 元件清单

基于 AT89S51 单片机数字温度计的元件清单如表 19-1 所示。

表 19-1 基于 AT89S51 单片机数字温度计元件清单

元件名称	型号	数量	用途	元件名称	型号	数量	用途
单片机	AT89S51	1个	控制核心	集成块	DS18B20	1块	测温电路
晶振	12MHz	1个	晶振电路	电阻	4.7kΩ	1个	复位电路
电容	30pF	2个	晶振电路	按键		1个	复位电路
电解电容	10μF/10V	1个	复位电路	电源	+5V/0.5A	1个	提供+5V电源
电阻	1kΩ	5个	复位电路 上拉电阻	7段4位数码管	4位	1块	显示电路
驱动器	74LS07 74LS245	1块 1块	显示驱动	电阻	4.7kΩ	1个	测温电路

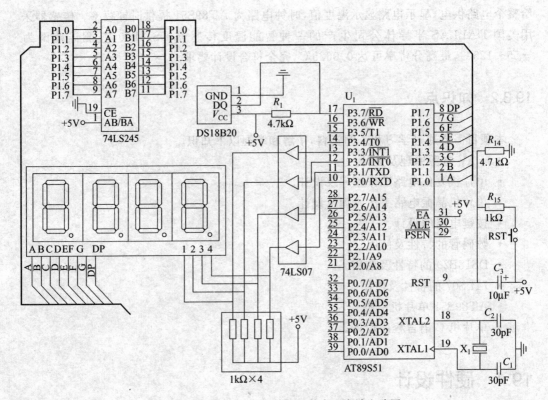

图 19-2 基于 AT89S51 单片机数字温度计电路图

19.5 软件设计

19.5.1 程序流程图

主程序的主要功能是负责温度的实时显示，读出并处理 DS18B20 测量的当前温度值，温度测量每 1s 进行一次。这样可以在 1s 之内测量一次被测温度，其程序流程图如图 19-3 所示。

读出温度子程序的主要功能是读出 RAM 中的 9 字节，在读出时需进行 CRC 校验，校验有错时不进行温度数据的改写，其程序流程图如图 19-4 所示。

温度转换命令子程序主要是发温度转换开始命令，采用 12 位分辨率转换时间约为 750ms。程序设计中采用 1s 显示程序延时等待转换的完成。计算温度子程序将 RAM 中的读取值进行 BCD 码的转换运算，并进行温度值正负的判定。显示数据刷新子程序主要是对显示缓冲器中的显示数据进行刷新操作，当最高显示位为 0 时将符号显示位移入下一位。

项目 19 基于 AT89S51 单片机数字温度计的设计

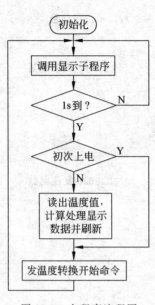

图 19-3 主程序流程图

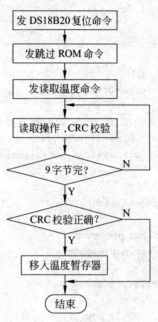

图 19-4 读温度子程序流程图

19.5.2 程序清单

基于 AT89S51 单片机数字温度计程序清单如下所示。

```
#include "reg51.h"
#include "intrins.h"                         //延时函数用
#define Disdata   P1                         //段码输出口
#define discan    P3                         //扫描口
#define uchar unsigned char
#define uint unsigned int
sbit   DQ=P3^7;                              //温度输入口
sbit   DIN=P1^7;                             //LED 小数点控制
uint   h;
uchar code
ditab[16]={0x00,0x01,0x01,0x02,0x03,0x03,0x04,0x04,0x05,0x06,0x06,0x07,0x08,0x08,
0x09,0x09};                                  //温度小数部分用查表法
uchar code dis_7[12]={0xC0,0xF9,0xA4,0xB0,0x99,0x92,0x82,0xF8,0x80,0x90,0xff,
0xbf};
/*共阳极 LED 段码表      "0""1""2""3""4""5""6""7""8""9""不亮""-"*/
uchar code scan_con[4]={0xfe,0xfd,0xfb,0xf7};  //列扫描控制字
uchar data temp_data[2]={0x00,0x00};           //暂放读出温度
uchar data display[5]={0x00,0x00,0x00,0x00,0x00};
                                //显示单元数据,共 4 个数据,一个运算暂存用
void delay(uint t)                            //11μs 延时函数
{
```

```c
    for(;t>0;t--);
}
scan()                                              //显示扫描函数
{
char k;
    for(k=0;k<4;k++)                                //4位LED扫描控制
    {
      Disdata=dis_7[display[k]];
      if(k==1){DIN=0;}
      discan=scan_con[k];delay(90);discan=0xff;
    }
}
ow_reset(void)                                      //DS18B20复位函数
{
    char presence=1;
    while(presence)
{
  while(presence)
  {
        DQ=1;_nop_();_nop_();
        DQ=0;
        delay(50);                                  //550μs
        DQ=1;
        delay(6);                                   //66μs
        presence=DQ;                                //presence=0继续下一步
    }
delay(45);                                          //延时500μs
presence =~DQ;
}
DQ=1;
}
void write_byte(uchar val)                          //DS18B20写命令函数
{
uchar i;
for (i=8; i>0; i--)
{
DQ=1;_nop_();_nop_();
DQ =0;_nop_();_nop_();_nop_();_nop_();_nop_();     //5μs
DQ =val&0x01;                                       //最低位移出
delay(6);                                           //66μs
val=val/2;                                          //右移一位
}
DQ =1;
delay(1);
}
uchar read_byte(void)                               //从总线上读取一个字节
{
uchar i;
uchar value =0;
```

```c
for (i=8;i>0;i--)
{
DQ=1;_nop_();_nop_();
value>>=1;
DQ=0;
_nop_();_nop_();_nop_();_nop_();              //4μs
DQ=1;_nop_();_nop_();_nop_();_nop_();          //4μs
if(DQ)value|=0x80;
delay(6);                                      //66μs
}
DQ=1;
return(value);
}
read_temp()                                    //读出温度函数
{
ow_reset();                                    //总线复位
write_byte(0xCC);                              //发 Skip ROM 命令
write_byte(0xBE);                              //发读命令
temp_data[0]=read_byte();                      //温度低 8 位
temp_data[1]=read_byte();                      //温度高 8 位
ow_reset();
write_byte(0xCC);                              //Skip ROM
write_byte(0x44);                              //发转换命令
}
work_temp()                                    //温度数据处理函数
{
uchar n=0;
if(temp_data[1]>127)
{temp_data[1]=(256-temp_data[1]);temp_data[0]=(256-temp_data[0]);n=1;}
                                               //负温度求补码
display[4]=temp_data[0]&0x0f;display[0]=ditab[display[4]];
display[4]=((temp_data[0]&0xf0)>>4)|((temp_data[1]&0x0f)<<4);
display[3]=display[4]/100;
display[1]=display[4]%100;
display[2]=display[1]/10;
display[1]=display[1]%10;
if(!display[3]){display[3]=0x0A;if(!display[2]){display[2]=0x0A;}}
                                               //最高位为 0 时都不显示
if(n){display[3]=0x0B;}                        //负温度时最高位显示"-"
}
main()                                         //主函数
{
Disdata=0xff;                                  //初始化端口
discan=0xff;
for(h=0;h<4;h++){display[h]=8;}                //开机显示"8888"
ow_reset();                                    //开机先转换一次
write_byte(0xCC);                              //Skip ROM
write_byte(0x44);                              //发转换命令
for(h=0;h<500;h++)
```

```
        {scan();}                              //开机显示"8888"2s
   while(1)
     {
     read_temp();                              //读出 DS18B20 温度数据
     work_temp();                              //处理温度数据
     for(h=0;h<500;h++)
        {scan();}                              //显示温度值 2s
     }
   }
```

19.6 系统仿真及调试

本项目仿真见教学资源"项目 19"。

（1）硬件调试

先排除硬件电路故障，包括设计性错误和工艺性故障，一般原则是先静态，后动态。利用万用表或逻辑测试仪器，检查电路中的各器件以及引脚的连接是否正确，是否有短路故障。

先要将单片机 AT89S51 芯片取下，对电路板进行通电检查，通过观察看是否有异常，然后用万用表测试各电源电压，这些都没有问题后，接上仿真机进行联机调试，观察各接口线路是否正常。

（2）软件调试

软件调试是利用仿真工具进行在线仿真调试，除发现和解决程序错误外，也可以发现硬件故障。

项目 20

基于 AT89S51 单片机多模式带音乐跑马灯的设计

20.1 项目概述

基于 AT89S51 单片机多模式带音乐跑马灯的灯光绚丽多姿，彩灯随着音乐而跳动，给人以视听的双重享受。带音乐跑马灯使用单片机控制，系统简单，而且成本较低，易于推广使用。本项目介绍以 AT89S51 单片机为控制核心的多模式带音乐跑马灯的原理及其实现方法。

20.2 项目要求

基于 AT89S51 单片机多模式带音乐跑马灯的设计要求如下：
(1) 有 16 个发光二极管做跑马灯，其中跑马灯有 10 种灯亮模式。
(2) 有专门的按键用以切换跑马灯的模式，并且对于任何一种跑马灯模式都可以对亮灯速度进行控制。
(3) 每一种跑马灯模式用 LED 数码管进行显示。
(4) 当跑马灯处于一种模式时，伴随的音乐响起，音乐至少有 3 首，并可以对其进行切换。

20.3 系统设计

20.3.1 框图设计

基于 AT89S51 单片机多模式带音乐跑马灯控制系统由电源电路、单片机主控电路、模式切换以及调速按键控制电路、LED 数码管显示电路和 16 个发光二极管的跑马灯电路几部分组成，系统组成框图如图 20-1 所示。

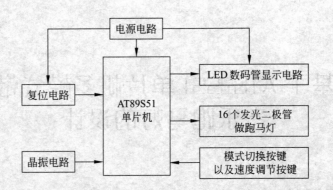

图 20-1 基于 AT89S51 单片机多模式带音乐跑马灯控制系统框图

20.3.2 知识点

本项目需要通过学习和查阅资料，了解和掌握以下方面的知识。
- +5V 电源原理及设计。
- 单片机复位电路工作原理及设计。
- 单片机晶振电路工作原理及设计。
- 按键电路的设计。
- 发光二极管的工作原理及设计。
- LED 的特性及使用。
- AT89S51 单片机引脚。
- 单片机 C 语言及程序设计。

20.4 硬件设计

本项目用 AT89S51 单片机的 P1、P0 口分别控制 8 个跑马灯，而 P3 与 LED 数码管相连，音乐采用蜂鸣器接 P2.6 输出，P2.1 接模式切换按键，P2.4 和 P2.5 分别接跑马灯加速和减速按键，在音乐播放时加速与减速按键可以控制音乐的切换。

20.4.1 电路原理图

综上所述，可设计出基于 AT89S51 单片机多模式带音乐跑马灯电路原理图，如图 20-2 所示。

20.4.2 元件清单

基于 AT89S51 单片机多模式带音乐跑马灯设计的元件清单如表 20-1 所示。

项目 20　基于 AT89S51 单片机多模式带音乐跑马灯的设计

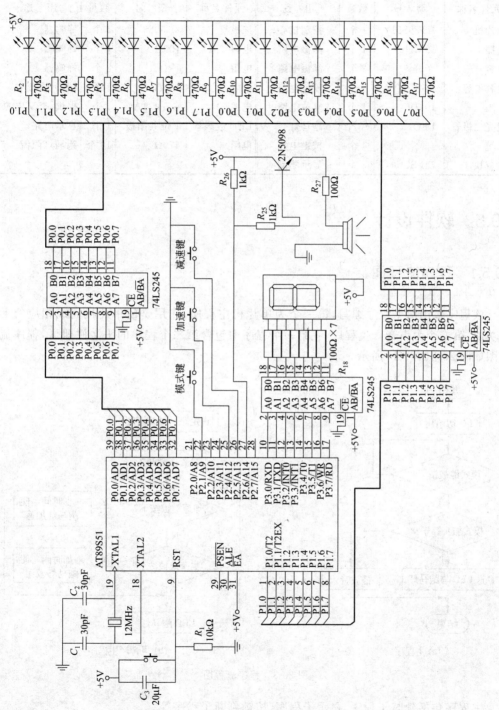

图 20-2　基于 AT89S51 单片机多模式带音乐跑马灯电路原理图

表 20-1 基于 AT89S51 单片机多模式带音乐跑马灯设计元件清单

元件名称	型号	数量	用途	元件名称	型号	数量	用途
单片机	AT89S51	1个	控制核心	三极管	2N5088	1个	蜂鸣器
晶振	12MHz	1个	晶振电路	电阻	100Ω	1个	蜂鸣器
电容	30pF	2个	晶振电路	电阻	1kΩ	2个	蜂鸣器
电解电容	10μF/10V	1个	复位电路	电阻	100Ω	7个	LED限流
电阻	10kΩ	1个	复位电路	电源	+5V/1A	1个	提供+5V电源
发光二极管	LED	16个	跑马灯	LED数码管	1位共阳极	1个	显示电路
按键		4个	按键电路	电阻	470Ω	16个	跑马灯限流
集成块	74LS245	3个	显示驱动				

20.5 软件设计

20.5.1 程序流程图

该程序采用两个程序编写,第一个为单片机主程序,作用是使单片机完成相应的上电功能,第二个为声音产生程序,在第一个程序中包含第二个程序的头文件即可,程序流程图如图 20-3(a)、(b)所示。

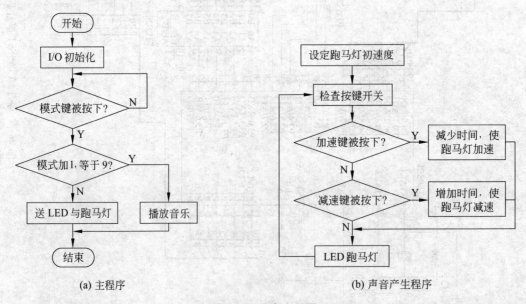

图 20-3 程序流程图

主程序包括延时子程序、显示子程序、按键判断子程序等。

音乐产生程序主要是通过对曲谱存储格式 unsigned char code MusicName 等的处理来调用演奏子程序的,处理如下所示。

(1) 音高由 3 位数字组成。
- 个位表示 1～7 这 7 个音符。
- 十位表示音符所在的音区:1——低音;2——中音;3——高音。
- 百位表示这个音符是否要升半音:0——不升;1——升半音。

(2) 音长最多由 3 位数字组成。
- 个位表示音符的时值,其对应关系如下。
  数值(n): |0|1|2|3|4|5|6
  几分音符: |1|2|4|8|16|32|64
- 十位表示音符的演奏效果(0～2):0——普通;1——连音;2——顿音。
- 百位是符点位:0——无符点;1——有符点。

(3) 调用演奏子程序的格式。
Play(乐曲名,调号,升降八度,演奏速度)
- 乐曲名:要播放的乐曲指针,结尾以(0,0)结束。
- 调号(0～11):是指乐曲升多少个半音演奏。
- 升降八度(1～3):1——降八度;2——不升不降;3——升八度。
- 演奏速度(1～12000):值越大速度越快。

20.5.2 程序清单

主程序清单如下所示。

```
#include<REG52.H>                              //包括一个 52 标准内核的头文件
#include<SoundPlay.h>
unsigned char RunMode;
void Delay1ms(unsigned int count)              //延时子程序
{
    unsigned int i,j;
    for(i=0;i<count;i++)
    for(j=0;j<1200;j++);
}
unsigned char code LEDDisplayCode[]={
    0xc0,0xf9,0xa4,0xb0,0x99,0x92,0x82,0xf8,
    0x80,0x90,0x88,0x83,0xc6,0xa1,0x86,0x8e,0xff};  //LED 数码管码表
void Display(unsigned char Value)              //送数码管进行显示
{       P3=LEDDisplayCode[Value];}             //将数值输出到 LED
void LEDflash(unsigned char Count)
{
    unsigned char i;
    bit Flag;
    for(i=0; i<count;i++)
    {
        Flag=!Flag;
        if(Flag)
            Display(RunMode);
```

```c
            else
                Display(0x10);
            Delay1ms(100);
        }
        Display(RunMode);
}
unsigned char GetKey(void)                          //判断按键是否按下
{
    unsigned char KeyTemp,CheckValue,Key=0x00;
    CheckValue=P2&0x32;
    if(CheckValue==0x32)
        return 0x00;
    Delay1ms(10);                                   //调用延时
    KeyTemp=P2&0x32;
    if(KeyTemp==CheckValue)    return 0x00;
    if(!(CheckValue&0x02))     Key|=0x01;
    if(!(CheckValue&0x10))     Key|=0x02;
    if(!(CheckValue&0x20))     Key|=0x04;
    return Key;
}
unsigned int Timer0Count,SystemSpeed,SystemSpeedIndex;
void InitialTimer2(void)
{
    T2CON=0x00;                        //16bit auto-reload Mode
    TH2=RCAP2H=0xfc;                   //重装值,初始值 TL2=RCAP2L=0x18
    ET2=1;                             //定时器 2 中断允许
    TR2=1;                             //定时器 2 启动
    EA=1;
}
unsigned int code SpeedCode[]={ 1, 2, 3, 5, 8, 10, 14, 17, 20, 30, 40, 50, 60, 70, 80,
90, 100, 120, 140, 160,180, 200, 300, 400, 500, 600, 700, 800, 900,1000};   //30
void SetSpeed(unsigned char Speed)            //跑马灯速度控制
{   SystemSpeed=SpeedCode[Speed];      }
void LEDShow(unsigned int LEDStatus)          //跑马灯的输出
{
    P1=~(LEDStatus&0x00ff);
    P0=~((LEDStatus>>8)&0x00ff);
}
void InitialCPU(void)
{
    RunMode=0x00;
    Timer0Count=0;
    SystemSpeedIndex=9;
    P1=0x00;
    P0=0x00;
    P2=0xff;
    P3=0x00;
    Delay1ms(500);
    P1=0xff;
```

```c
    P0=0xff;
    P2=0xff;
    P3=0xff;
    SetSpeed(SystemSpeedIndex);
    Display(RunMode);
}

//模式 0
unsigned int LEDIndex=0;
bit LEDDirection=1,LEDFlag=1;
voidMode_0(void)
{
    LEDShow(0x0001<<LEDIndex);
    LEDIndex=(LEDIndex+1)%16;
}
//模式 1
void Mode_1(void)
{
    LEDShow(0x8000>>LEDIndex);
    LEDIndex=(LEDIndex+1)%16;
}
//模式 2
void Mode_2(void)
{
    if(LEDDirection)
        LEDshow(0x0001<<LEDIndex);
    else
        LEDshow(0x8000>>LEDIndex);
    if(LEDIndex==15)
        LEDDirection=!LEDDirection;
    LEDIndex=(LEDIndex+1)%16;
}
//模式 3
void Mode_3(void)
{
    if(LEDDirection)      LEDShow(~(0x0001<<LEDIndex));
    else                  LEDShow(~(0x8000>>LEDIndex));
    if(LEDIndex==15)      LEDDirection=!LEDDirection;
    LEDIndex=(LEDIndex+1)%16;
}
//模式 4
void Mode_4(void)
{
    if(LEDDirection)
    {
        if(LEDFlag)       LEDShow(0xfffe<<LEDIndex);
        else              LEDShow(~(0x7fff>>LEDIndex));
    }
    else
```

```c
        {
            if(LEDFlag)         LEDShow(0x7fff>>LEDIndex);
            else                LEDShow(~(0xfffe<<LEDIndex));
        }
        if(LEDIndex==15)
        {
            LEDDirection=!LEDDirection;
            if(LEDDirection) LEDFlag=!LEDFlag;
        }
        LEDIndex=(LEDIndex+1)%16;
}
//模式 5
void Mode_5(void)
{
    if(LEDDirection)    LEDShow(0x000f<<LEDIndex);
    else                LEDShow(0xf000>>LEDIndex);
    if(LEDIndex==15)    LEDDirection=!LEDDirection;
    LEDIndex=(LEDIndex+1)%16;
}
//模式 6
void Mode_6(void)
{
    if(LEDDirection)    LEDShow(~(0x000f<<LEDIndex));
    else                LEDShow(~(0xf000>>LEDIndex));
    if(LEDIndex==15)    LEDDirection=!LEDDirection;
    LEDIndex=(LEDIndex+1)%16;
}
//模式 7
void Mode_7(void)
{
    if(LEDDirection)    LEDShow(0x003f<<LEDIndex);
    else                LEDShow(0xfc00>>LEDIndex);
    if(LEDIndex==9)     LEDDirection=!LEDDirection;
    LEDIndex=(LEDIndex+1)%10;
}
//模式 8
void Mode_8(void)
{       LEDShow(++LEDIndex);        }
void timer0eventrun(void)                   //模式的选择
{
    if(RunMode==0x00)   {Mode_0();}
    else if(RunMode==0x01)
        {Mode_1();}
     else if(RunMode==0x02)
        {Mode_2();}
        else if(RunMode==0x03)
            {Mode_3();}
            else if(RunMode==0x04)
                {Mode_4();}
```

```c
            else if(RunMode==0x05)
              {Mode_5();}
                else if(RunMode==0x06)
                  {Mode_6();}
                    else if(RunMode==0x07)
                      {Mode_7();}
                        else if(RunMode==0x08)
                          {Mode_8();}
}
void Timer2(void) interrupt 5 using 3
{
    TF2=0;                                    //中断标志清除(Timer2必须软件清标志!)
    if(++Timer0count>=SystemSpeed)
    {
        Timer0count=0;
        Timer0EventRun();
    }
}
unsigned char MusicIndex=0;
void KeyDispose(unsigned char Key)
{
    if(Key&0x01)
    {
        LEDDirection=1;
        LEDIndex=0;
        LEDFlag=1;
        RunMode= (RunMode+1)%10;
        Display(RunMode);
        if(RunMode==0x09)      TR2=0;
        else                   TR2=1;
    }
    if(Key&0x02)
    {
        if(RunMode==0x09){MusicIndex= (MusicIndex+MUSICNUMBER-1)%musicnumber;}
        else
        {
            if(SystemSpeedIndex>0)
            {
                --SystemSpeedIndex;
                SetSpeed(SystemSpeedIndex);
            }
            else{LEDFlash(6);}
        }
    }
    if(Key&0x04)
    {
        if(RunMode==0x09||0x08||0x07||0x06||0x05||0x04||0x03||0x2||0x01||0x00)
            {MusicIndex = (MusicIndex+1)%MUSICNUMBER;}
        else
```

```c
        {
            if(SystemSpeedIndex<28)
            {
                ++SystemSpeedIndex;
                SetSpeed(SystemSpeedIndex);
            }
            else{LEDFlash(6);}
        }
    }
}
//挥着翅膀的女孩
unsigned char code Music_Girl[]={
        0x17,0x02, 0x17,0x03, 0x18,0x03, 0x19,0x02, 0x15,0x03,
        0x16,0x03, 0x17,0x03, 0x17,0x03, 0x17,0x03, 0x18,0x03,
        0x19,0x02, 0x16,0x03, 0x17,0x03, 0x18,0x02, 0x18,0x03,
        0x17,0x03, 0x15,0x02, 0x18,0x03, 0x17,0x03, 0x18,0x02,
        0x10,0x03, 0x15,0x03, 0x16,0x02, 0x15,0x03, 0x16,0x03,
        0x17,0x02, 0x17,0x03, 0x18,0x03, 0x19,0x02, 0x1a,0x03,
        0x1b,0x03, 0x1f,0x03, 0x1f,0x03, 0x17,0x03, 0x18,0x03,
        0x19,0x02, 0x16,0x03, 0x17,0x03, 0x18,0x03, 0x17,0x03,
        0x18,0x03, 0x1f,0x03, 0x1f,0x02, 0x16,0x03, 0x17,0x03,
        0x18,0x03, 0x17,0x03, 0x18,0x03, 0x20,0x03, 0x20,0x02,
        0x1f,0x03, 0x1b,0x03, 0x1f,0x66, 0x20,0x03, 0x21,0x03,
        0x20,0x03, 0x1f,0x03, 0x1b,0x03, 0x1f,0x66, 0x1f,0x03,
        0x1b,0x03, 0x19,0x03, 0x19,0x03, 0x15,0x03, 0x1a,0x66,
        0x1a,0x03, 0x19,0x03, 0x15,0x03, 0x15,0x03, 0x17,0x03,
        0x16,0x66, 0x17,0x04, 0x18,0x04, 0x18,0x03, 0x19,0x03,
        0x1f,0x03, 0x1b,0x03, 0x1f,0x66, 0x20,0x03, 0x21,0x03,
        0x20,0x03, 0x1f,0x03, 0x1b,0x03, 0x1f,0x66, 0x1f,0x03,
        0x1b,0x03, 0x19,0x03, 0x19,0x03, 0x15,0x03, 0x1a,0x66,
        0x1a,0x03, 0x19,0x03, 0x19,0x03, 0x1f,0x03, 0x1b,0x03,
        0x1f,0x00, 0x1a,0x03, 0x1a,0x03, 0x1a,0x03, 0x1b,0x03,
        0x1b,0x03, 0x1a,0x03, 0x19,0x03, 0x19,0x02, 0x17,0x03,
        0x15,0x17, 0x15,0x03, 0x16,0x03, 0x17,0x03, 0x18,0x03,
        0x17,0x04, 0x18,0x0e, 0x18,0x03, 0x17,0x04, 0x18,0x0e,
        0x18,0x66, 0x17,0x03, 0x18,0x03, 0x17,0x03, 0x18,0x03,
        0x20,0x03, 0x20,0x02, 0x1f,0x03, 0x1b,0x03, 0x1f,0x66,
        0x20,0x03, 0x21,0x03, 0x20,0x03, 0x1f,0x03, 0x1b,0x03,
        0x1f,0x66, 0x1f,0x04, 0x1b,0x0e, 0x1b,0x03, 0x19,0x03,
        0x19,0x03, 0x15,0x03, 0x1a,0x66, 0x1a,0x03, 0x19,0x03,
        0x15,0x03, 0x15,0x03, 0x17,0x03, 0x16,0x66, 0x17,0x04,
        0x18,0x04, 0x18,0x03, 0x19,0x03, 0x1f,0x03, 0x1b,0x03,
        0x1f,0x66, 0x20,0x03, 0x21,0x03, 0x20,0x03, 0x1f,0x03,
        0x1b,0x03, 0x1f,0x66, 0x1f,0x03, 0x1b,0x03, 0x19,0x03,
        0x19,0x03, 0x15,0x03, 0x1a,0x66, 0x1a,0x03, 0x19,0x03,
        0x19,0x03, 0x1f,0x03, 0x1b,0x03, 0x1f,0x00, 0x18,0x02,
        0x18,0x03, 0x1a,0x03, 0x19,0x0d, 0x15,0x03, 0x15,0x02,
        0x18,0x66, 0x16,0x02, 0x17,0x02, 0x15,0x00, 0x00,0x00};
```

```c
//同一首歌
unsigned char code Music_Same[]={
        0x0f,0x01, 0x15,0x02, 0x16,0x02, 0x17,0x66, 0x18,0x03,
        0x17,0x02, 0x15,0x02, 0x16,0x01, 0x15,0x02, 0x10,0x02,
        0x15,0x00, 0x0f,0x01, 0x15,0x02, 0x16,0x02, 0x17,0x02,
        0x17,0x03, 0x18,0x03, 0x19,0x02, 0x15,0x02, 0x18,0x66,
        0x17,0x03, 0x19,0x02, 0x16,0x03, 0x17,0x03, 0x16,0x00,
        0x17,0x01, 0x19,0x02, 0x1b,0x02, 0x1b,0x70, 0x1a,0x03,
        0x1a,0x01, 0x19,0x02, 0x19,0x03, 0x1a,0x03, 0x1b,0x02,
        0x1a,0x0d, 0x19,0x03, 0x17,0x00, 0x18,0x66, 0x18,0x03,
        0x19,0x02, 0x1a,0x02, 0x19,0x0c, 0x18,0x0d, 0x17,0x03,
        0x16,0x01, 0x11,0x02, 0x11,0x03, 0x10,0x03, 0x0f,0x0c,
        0x10,0x02, 0x15,0x00, 0x1f,0x01, 0x1a,0x01, 0x18,0x66,
        0x19,0x03, 0x1a,0x01, 0x1b,0x02, 0x1b,0x03, 0x1b,0x03,
        0x1b,0x0c, 0x1a,0x0d, 0x19,0x03, 0x17,0x00, 0x1f,0x01,
        0x1a,0x01, 0x18,0x66, 0x19,0x03, 0x1a,0x01, 0x10,0x02,
        0x10,0x03, 0x10,0x03, 0x1a,0x0c, 0x18,0x0d, 0x17,0x03,
        0x16,0x00, 0x0f,0x01, 0x15,0x02, 0x16,0x02, 0x17,0x70,
        0x18,0x03, 0x17,0x02, 0x15,0x03, 0x15,0x03, 0x16,0x66,
        0x16,0x03, 0x16,0x02, 0x16,0x03, 0x15,0x03, 0x10,0x02,
        0x10,0x01, 0x11,0x01, 0x11,0x66, 0x10,0x03, 0x0f,0x0c,
        0x1a,0x02, 0x19,0x02, 0x16,0x03, 0x16,0x03, 0x18,0x66,
        0x18,0x03, 0x18,0x02, 0x17,0x03, 0x16,0x03, 0x19,0x00,
        0x00,0x00 };
//两只蝴蝶
unsigned char code Music_Two[] ={
        0x17,0x03, 0x16,0x03, 0x17,0x01, 0x16,0x03, 0x17,0x03,
        0x16,0x03, 0x15,0x01, 0x10,0x03, 0x15,0x03, 0x16,0x02,
        0x16,0x0d, 0x17,0x03, 0x16,0x03, 0x15,0x03, 0x10,0x03,
        0x10,0x0e, 0x15,0x04, 0x0f,0x01, 0x17,0x03, 0x16,0x03,
        0x17,0x01, 0x16,0x03, 0x17,0x03, 0x16,0x03, 0x15,0x01,
        0x10,0x03, 0x15,0x03, 0x16,0x02, 0x16,0x0d, 0x17,0x03,
        0x16,0x03, 0x15,0x03, 0x10,0x03, 0x15,0x03, 0x16,0x01,
        0x17,0x03, 0x16,0x03, 0x17,0x01, 0x16,0x03, 0x17,0x03,
        0x16,0x03, 0x15,0x01, 0x10,0x03, 0x15,0x03, 0x16,0x02,
        0x16,0x0d, 0x17,0x03, 0x16,0x03, 0x15,0x03, 0x10,0x03,
        0x10,0x0e, 0x15,0x04, 0x0f,0x01, 0x17,0x03, 0x19,0x03,
        0x19,0x01, 0x19,0x03, 0x1a,0x03, 0x19,0x03, 0x17,0x01,
        0x16,0x03, 0x16,0x03, 0x16,0x02, 0x16,0x0d, 0x17,0x03,
        0x16,0x03, 0x15,0x03, 0x10,0x03, 0x10,0x0d, 0x15,0x00,
        0x19,0x03, 0x19,0x03, 0x1a,0x03, 0x1f,0x03, 0x1b,0x03,
        0x1b,0x03, 0x1a,0x03, 0x17,0x0d, 0x16,0x03, 0x16,0x03,
        0x16,0x0d, 0x17,0x01, 0x17,0x03, 0x17,0x03, 0x19,0x03,
        0x1a,0x02, 0x1a,0x02, 0x10,0x03, 0x17,0x0d, 0x16,0x03,
        0x16,0x01, 0x17,0x03, 0x19,0x03, 0x19,0x03, 0x17,0x03,
        0x19,0x02, 0x1f,0x02, 0x1b,0x03, 0x1a,0x03, 0x1a,0x0e,
        0x1b,0x04, 0x17,0x02, 0x1a,0x03, 0x1a,0x03, 0x1a,0x0e,
        0x1b,0x04, 0x1a,0x03, 0x19,0x03, 0x17,0x03, 0x16,0x03,
        0x17,0x0d, 0x16,0x03, 0x17,0x03, 0x19,0x01, 0x19,0x03,
```

```c
                0x19,0x03, 0x1a,0x03, 0x1f,0x03, 0x1b,0x03, 0x1b,0x03,
                0x1a,0x03, 0x17,0x0d, 0x16,0x03, 0x16,0x03, 0x16,0x03,
                0x17,0x01, 0x17,0x03, 0x17,0x03, 0x19,0x03, 0x1a,0x02,
                0x1a,0x02, 0x10,0x03, 0x17,0x0d, 0x16,0x03, 0x16,0x01,
                0x17,0x03, 0x19,0x03, 0x19,0x03, 0x17,0x03, 0x19,0x03,
                0x1f,0x02, 0x1b,0x03, 0x1a,0x03, 0x1a,0x0e, 0x1b,0x04,
                0x17,0x02, 0x1a,0x03, 0x1a,0x03, 0x1a,0x0e, 0x1b,0x04,
                0x17,0x16, 0x1a,0x03, 0x1a,0x03, 0x1a,0x0e, 0x1b,0x04,
                0x1a,0x03, 0x19,0x03, 0x17,0x03, 0x16,0x03, 0x0f,0x02,
                0x10,0x03, 0x15,0x00, 0x00,0x00 };
unsigned char * SelectMusic(unsigned char SoundIndex)
{
    unsigned char * MusicAddress=0;
    switch (SoundIndex)
    {
        case 0x00:MusicAddress=&Music_Girl[0];              //挥着翅膀的女孩
            break;
        case 0x01:MusicAddress=&Music_Same[0];              //同一首歌
            break;
        case 0x02:MusicAddress=&Music_Two[0];               //两只蝴蝶
            break;
        case 0x03:break;
        case 0x04:break;
        case 0x05:break;
        case 0x06:break;
        case 0x07:break;
        case 0x08:break;
        case 0x09:break;
        default:break;
    }
    return MusicAddress;
}
void PlayMusic(void)
{
    Delay1ms(200);
    Play(SelectMusic(MusicIndex),0,3,360);
}
main()
{
    unsigned char Key;
    InitialCPU();
    InitialSound();
    InitialTimer2();
    while(1)
    {
        Key=GetKey();
        if(RunMode==0x09) {    PlayMusic();       }
        if(key!=0x00) {    KeyDispose(Key);      }
    }
```

}

音乐产生程序清单如下所示。

```c
#ifndef __SOUNDPLAY_H_REVISION_FIRST__
#define __SOUNDPLAY_H_REVISION_FIRST__
#define SYSTEM_OSC      12000000        //定义晶振频率 12MHz
#define SOUND_SPACE     4/5             //定义普通音符演奏的长度分率,每 4 分音符间隔
#define MUSICNUMBER     3               //歌曲的数目
sbit BeepIO=            P2^6;           //定义输出管脚

extern void LEDShow(unsigned int LEDStatus);
extern unsigned char GetKey(void);
extern void KeyDispose(unsigned char Key);
extern void Delay1ms(unsigned int count);
extern unsigned char MusicIndex;

unsigned int code FreTab[12] = { 262,277,294,311,330,349,369,392,415,440,466,494 };
//原始频率表
unsigned char code SignTab[7]={ 0,2,4,5,7,9,11 };           //1~7 在频率表中的位置
unsigned char code LengthTab[7]={ 1,2,4,8,16,32,64 };
unsigned char Sound_Temp_TH0,Sound_Temp_TL0;                //暂存音符定时器初值
unsigned char Sound_Temp_TH1,Sound_Temp_TL1;                //暂存音长定时器初值
void InitialSound(void)
{
    BeepIO = 0;
    Sound_Temp_TH1 = (65535- (1/1200) * SYSTEM_OSC)/256;
    //计算 TH1 应装入的初值(10ms 的初装值)
    Sound_Temp_TL1 = (65535- (1/1200) * SYSTEM_OSC)%256;    //计算 TL1 应装入的初值
    TH1 = Sound_Temp_TH1;
    TL1 = Sound_Temp_TL1;
    TMOD |= 0x11;
    ET0=1;
    ET1=0;
    TR0=0;
    TR1=0;
    EA=1;
}

void BeepTimer0(void) interrupt 1                           //音符发生中断
{
    BeepIO = !BeepIO;
    TH0= Sound_Temp_TH0;
    TL0= Sound_Temp_TL0;
}
void Play (unsigned char * Sound, unsigned char Signature, unsigned Octachord,
unsigned int Speed)
{
    unsigned int NewFreTab[12];                             //新的频率表
    unsigned char i,j;
```

```c
unsigned int Point,LDiv,LDiv0,LDiv1,LDiv2,LDiv4,CurrentFre,Temp_T,SoundLength;
unsigned char Tone,Length,SL,SH,SM,SLen,XG,FD,Key,LEDflash,OFFSet;
for(i=0;i<12;i++)                              //根据调号及升降八度来生成新的频率表
{
    j=i+Signature;
    if(j >11)
    {
        j=j-12;
        NewFreTab[i]=FreTab[j] * 2;
    }
    else
        NewFreTab[i]=FreTab[j];

    if(Octachord ==1)
        NewFreTab[i]>>=2;
    else if(Octachord ==3)
        NewFreTab[i]<<=2;
}

SoundLength =0;
while(Sound[SoundLength] !=0x00)              //计算歌曲长度
{
    SoundLength+=2;
}

Point =0;
Tone=Sound[Point];
Length=Sound[Point+1];                         //读出第一个音符和它的时间值

LDiv0 =12000/Speed;                            //算出 1 分音符的长度 (几个 10ms)
LDiv4 =LDiv0/4;                                //算出 4 分音符的长度
LDiv4 =LDiv4-LDiv4 * SOUND_SPACE;              //普通音最长间隔标准
TR0=0;
TR1=1;
while(Point <SoundLength)
{
    SL=Tone%10;                                //计算出音符
    SM=Tone/10%10;                             //计算出高低音
    SH=Tone/100;                               //计算出是否升半
    LEDflash = SM * ((SL/2)+1)+2;
    LEDShow(~ (0xFFFE<<LEDflash));
    OFFSet =2;
    CurrentFre =NewFreTab[SignTab[SL-1]+SH];   //查出对应音符的频率
    if(SL!=0)
    {
        if (SM==1) CurrentFre >>=2;            //低音
        if (SM==3) CurrentFre <<=2;            //高音
        Temp_T = 65536- (50000/CurrentFre) * 10/(12000000/SYSTEM_OSC);
                                               //计算计数器初值
```

```
            Sound_Temp_TH0 = Temp_T/256;
            Sound_Temp_TL0 = Temp_T%256;
            TH0 = Sound_Temp_TH0;
            TL0 = Sound_Temp_TL0 + 6;                  //加 6 是对中断延时的补偿
        }
            SLen=LengthTab[Length%10];                 //算出是几分音符
            XG=Length/10%10;
                                                       //算出音符类型(0 为普通；1 为连音；2 为顿音)
            FD=Length/100;
            LDiv=LDiv0/SLen;                           //算出连音音符演奏的长度(多少个 10ms)
            if (FD==1)
                LDiv=LDiv+LDiv/2;
            if(XG!=1)
                if(XG==0)                              //算出普通音符的演奏长度
                    if (SLen<=4)
                        LDiv1=LDiv-LDiv4;
                    else
                        LDiv1=LDiv * SOUND_SPACE;
                else
                    LDiv1=LDiv/2;                      //算出顿音的演奏长度
            else
                LDiv1=LDiv;
            if(SL==0) LDiv1=0;
            LDiv2=LDiv-LDiv1;                          //算出不发音的长度
            if (SL!=0)
            {
                TR0=1;
                for(i=LDiv1;i>0;i--)                   //发规定长度的音
                {
                    OFFSet = (OFFSet+1)%5;
                    LEDShow(~(0xFFFE<<(LEDflash+OFFSet-2)));
                    while(TF1==0)
                    {
                        Key =GetKey();
                        if(Key!=0x00)
                        {
                            KeyDispose(Key);
                            TR0=0;
                            TR1=0;
                            BeepIO = 0;
                            return;
                        }
                    }
                    TH1 = Sound_Temp_TH1;
                    TL1 = Sound_Temp_TL1;
                    TF1=0;
                }
            }
            if(LDiv2!=0)
```

```
        {
            TR0=0; BeepIO=0;
            for(i=LDiv2;i>0;i--)                    //音符间的间隔
            {
                OFFSet = (OFFSet+1)%5;
                LEDShow(~ (0xFFFE<< (LEDflash+OFFSet-2)));
                while(TF1==0)
                {
                    Key =GetKey();
                    if(Key!=0x00)
                    {
                        KeyDispose(Key);
                        TR0=0;
                        TR1=0;
                        BeepIO=0;
                        return;
                    }
                }
                TH1 =Sound_Temp_TH1;
                TL1 =Sound_Temp_TL1;
                TF1=0;
            }
        }
        Point+=2;
        Tone=Sound[Point];
        Length=Sound[Point+1];
    }
    BeepIO =0;
    MusicIndex = (MusicIndex+1)%MUSICNUMBER;
    LEDShow(0x0001);
    Delay1ms(300);
}
#endif
```

20.6 系统仿真及调试

本项目仿真见教学资源"项目20"。

单片机系统的硬件调试和软件调试是不能分开的,许多硬件错误是在软件调试中被发现和纠正的。但通常是先排除明显的硬件故障以后,再和软件结合起来调试以进一步排除故障。可见硬件的调试是基础,如果硬件调试不通过,软件调试则是无从做起。

硬件调试主要是把电路的各种参数调整到符合设计要求。先排除硬件电路故障,包括设计性错误和工艺性故障。一般原则是先静态,后动态。硬件静态调试主要是检测电路是否有短路、断路、虚焊等,检测芯片引脚焊接是否有错位,数码管段位是否焊接正确。

利用万用表或逻辑测试仪器,检查电路中的各器件以及引脚的连接是否正确,是否有短路故障。

在通电前,一定要检查电源电压的幅值和极性,否则很容易造成集成块损坏。加电后检查各插件上引脚的电位,一般先检查 V_{CC} 与 GND 之间的电位,若为 5～4.8V 属正常。

单片机 AT89S51 是系统的核心,利用万用表检测单片机电源 V_{CC}(40 脚)是否为 +5V、晶振是否正常工作(可用示波器测试,也可以用万用表检测两引脚电压,一般为 1.8～2.3V)、复位引脚 RST(复位时为高电平,单片机工作时为低电平)、$\overline{EA}$ 是否为高电平,如果合乎要求,单片机就能工作了,再结合电路图,故障检测就很容易了。

附录 A
单片机课程设计写作规范(参考)

A.1　课程设计打印

课程设计一律用 Word 排版,正文用宋体小四号字,行距固定值 18 磅,页边距采取 A4 默认形式,字符间距为默认值(缩放 100%,间距为标准),页码用小五号字底端居中。

A.2　课程设计装订顺序

课程设计的装订顺序依次为:
(1) 封面;
(2) 题目来源;
(3) 中文摘要(含标题、学生、指导教师及关键词);
(4) 英文摘要(含标题、学生、指导教师及关键词);
(5) 目录;
(6) 正文;
(7) 参考文献;
(8) 致谢;
(9) 注释;
(10) 附录;
(11) 封底。

注意:各大项均重起新页。(1)~(5)不参与编页,正文起后所有的为阿拉伯数字编页。

A.3　各项具体要求

1. 封面
(1) 封面颜色由各学校统一规定,要按照学校统一规定的格式排版。
(2) 论文题目简洁、明确、有概括性,不宜超过 20 个字,可分两行。

2. 题目来源
如是资助课题需注明课题级别和编号。

3. 中英文摘要顺序及要求

(1) 标题：中文标题以小二号黑体字居中打印；英文标题为小二号 Times New Roman 字体，加粗，居中打印。

(2) 学生及指导教师：标题下空一行居中打印"学生（Undergraduate）：×××"，换行居中为"指导教师（Supervisor）：×××"，中文为宋体小四号，英文为 Times New Roman，字体小四号。

(3) 摘要内容：顶格左起为"摘要（Abstract）"加冒号，中文为黑体小四号且两字间空两格，英文为 Times New Roman，字体小四号且加粗。接着为摘要内容，中文 400 字左右，小四号宋体字，英文为 250 个实词左右，小四号 Times New Roman 字体，间距设置均为段前段后为 0 行，行距为 18 磅。

摘要是课程设计内容的简要陈述，应尽量反映设计的主要信息。摘要内容包括研究目的、方法、成果和结论。摘要内容不含图表，不加注释，具有独立性和完整性。

(4) 关键词：中文关键词 3~5 个，小四号宋体字。英文关键词 3~5 个，小四号 Times New Roman 字体。"关键词（Key Words）"左起顶格加冒号，字号字体同"摘要（Abstract）"。

关键词是反映课程设计主题内容的名词，是供检索使用的。从课程设计标题或正文中挑选最能表达主要内容的词作为关键词。

4. 目录

三级提纲目录。"目录"黑体四号加粗，居中。目录内容全为宋体小四号，间距设置为段前段后均为 0 行，行距为 18 磅。

5. 正文

课程设计正文部分包括：绪论（或前言、序言）、课程设计主体及结论。课程设计撰写的题序层次要求以下格式：

1 ××××
1.1 ××××
1.1.1 ××××

课程设计主体是设计的主要组成部分。要求层次清楚，文字简练、通顺，重点突出。结论（或结束语）作为单独一章排列，但标题前不加层次序号。结论是整个课程设计的总结，应以简练的文字说明课程设计所做的工作，是课程设计的精华，要写得扼要明确，精练完整，准确适当，不可含糊其辞，模棱两可。

"绪论（或前言、序言）"、"结论"及一级标题文字以三号黑体左起顶格打印，间距设置为段前段后均为 6 磅，行距 18 磅。"二级标题"以四号黑体左起顶格打印，间距设置为段前段后均为 6 磅，行距 18 磅。"三级标题"以小四号黑体左起顶格打印，间距设置同正文。正文采用小四号宋体，间距设置为段前段后均为 0 行，行距 18 磅。

文中的图、表、附注、公式一律采用阿拉伯数字分章（或连续）编号，如图 2-5、表 3-2、公式(5-1)等。图序及图名居中置于图的下方。如果图中含有几个不同部分,应将分图号标注在分图的左上角,并在图解下列出各部分内容。图中的术语、符号、单位等应与正文表述一致。

表序及表名置于表的上方,表中参数应标明量和单位的符号;表格采用三线表,不要竖线。

图序及图名、表序及表名采用五号楷体字;若图或表中有附注,采用英文小写字母顺序编号,附注写在图或表的下方。

公式的编号用括号括起写在右边行末,其间不加虚线。图、表、公式等与正文之间要有 6 磅的行间距。

6. 参考文献

"参考文献"三号黑体左起顶格,与正文空一行。关于内容,中文的用五号宋体,外文的用五号 Times New Roman 字体,序号用中括号,与文字之间空两格。如果需要两行的,第二行文字要位于序号的后边,与第一行文字对齐。

课程设计中列出的参考文献格式应符合国家标准《文后参考文献著录规则》GB 7714—87,列出的参考文献务必实事求是,课程设计中引用的文献必须列出,未引用的文献不得出现。参考文献序号按所引文献在课程设计中出现的先后次序排列,引用文献应在课程设计中的引用处加注文献序号,并加注方括弧。参考文献按如下格式列出。

学术著作:[序号] 著者. 书名[M]. 版本(初版不写). 翻译者. 出版地:出版者,出版年. 起止页码.

学术期刊:[序号] 著者. 篇名[J]. 刊名. 出版年,卷号(期号):起止页码.

论文集:[序号] 著者. 篇名. 主编. 论文集名[C]. 出版地:出版者,出版年. 起止页码.

科技报告:[序号] 著者. 题名[R]. 报告题名,编号. 出版地:出版者,出版年. 起止页码.

学位论文:[序号] 著者. 题名[D]. 保存地点:保存单位,授予年.

专利文献:[序号] 专利申请者. 题名[P]. 国别. 专利文献种类,专利号. 出版日期.

技术标准:[序号] 起草责任者. 标准代号 标准顺序号—发布年 标准名称[S]. 出版地. 出版者,出版年.

报纸文献:[序号] 著者. 文献题名[N]. 报纸名. 出版日期(版面次序).

电子文献:[序号] 著者. 文献题名. 电子文献类型标示/载体类型标示. 文献网址或出处,更新引用日期.

7. 致谢

对导师和给予指导或协助完成课程设计工作的组织和个人表示感谢。文字要简洁、实事求是,切忌浮夸和庸俗之词。

"致谢"两字中间空两格、三号黑体、居中,与正文空一行。内容五号宋体。个人部分感受也可以放到本部分,但要注意前后连续。

8. 注释

在课程设计写作过程中,有些问题需要在正文之外加以阐述和说明。

9. 附录

对于一些不宜放在正文中,但有参考价值的内容,可编入附录中。例如冗长的公式推导、编写的算法、语言程序,以方便他人阅读所需要的辅助性教学工具或表格、重复性数据和图表、调查问卷等。

附录 B

MCS-51 指令表

MCS-51 指令系统所用符号和含义如表 B-1 所示，MCS-51 指令如表 B-2 所示。

表 B-1 MCS-51 指令系统所用符号和含义

符 号	含 义
add11	11 位地址
add16	16 位地址
bit	位地址
rel	相对偏移量，为 8 位有符号数（补码形式）
direct	直接地址单元（RAM、SFR、I/O）
#data	立即数
Rn	工作寄存器 R0～R7
A	累加器
X	片内 RAM 中的直接地址或寄存器
Ri	i=0、1，数据指针 R0 或 R1
@	在间接寻址方式中，表示间接寄存器的符号
(X)	在直接寻址方式中，表示直接地址 X 中的内容；在间接寻址方式中，表示间址寄存器 X 指出的地址单元中的内容
→	数据传送方向
∧	逻辑与
∨	逻辑或
⊕	逻辑异或
×	对标志位不产生影响
√	对标志位产生影响

表 B-2　MCS-51 指令表

算术运算指令

助记符	功　能	十六进制代码	字节数	周期数	对标志影响			
					P	OV	AC	CY
ADD A,Rn	A+Rn→A	28～2F	1	1	√	√	√	√
ADD A,direct	A+(direct)→A	25 direct	2	1	√	√	√	√
ADD A,@Ri	A+(Ri)→A	26,27	1	1	√	√	√	√
ADD A,#data	A+data→A	24 data	2	1	√	√	√	√
ADDC A,Rn	A+Rn+CY→A	38～3F	1	1	√	√	√	√
ADDC A,direct	A+(direct)+CY→A	35 direct	2	1	√	√	√	√
ADDC A,@Ri	A+(Ri)+CY→A	36,37	1	1	√	√	√	√
ADDC A,#data	A+data+CY→A	34 data	2	1	√	√	√	√
SUBB A,Rn	A−Rn−CY→A	98～9F	1	1	√	√	√	√
SUBB A,direct	A−(direct)−CY→A	95 direct	2	1	√	√	√	√
SUBB A,@Ri	A−(Ri)−CY→A	96,97	1	1	√	√	√	√
SUBB A,#data	A−data−CY→A	94 data	2	1	√	√	√	√
INC A	A+1→A	04	1	1	√	×	×	×
INC Rn	Rn+1→Rn	08～0F	1	1	×	×	×	×
INC direct	(direct)+1→(direct)	05 direct	2	1	×	×	×	×
INC @Ri	(Ri)+1→(Ri)	06,07	1	1	×	×	×	×
INC DPTR	DPTR+1→DPTR	A3	1	2	×	×	×	×
DEC A	A−1→A	14	1	1	√	×	×	×
DEC Rn	Rn−1→Rn	18～1F	1	1	×	×	×	×
DEC direct	(direct)−1→(direct)	15 direct	2	1	×	×	×	×
DEC @Ri	(Ri)−1→(Ri)	16,17	1	1	×	×	×	×
MUL AB	A*B→BA	A4	1	4	√	√	×	0
DIV AB	A/B→AB	84	1	4	√	√	×	0
DA A	对 A 进行十进制调整	D4	1	1	√	√	√	√

续表

逻辑运算指令								
助记符	功　能	十六进制代码	字节数	周期数	对标志影响			
					P	OV	AC	CY
ANL A,Rn	A∧Rn→A	58～5F	1	1	√	×	×	×
ANL A,direct	A∧(direct)→A	55 direct	2	1	√	×	×	×
ANL A,@Ri	A∧(Ri)→A	56,57	1	1	√	×	×	×
ANL A,#data	A∧data→A	54 data	2	1	√	×	×	×
ANL direct,A	(direct)∧A→(direct)	52 direct	2	1	×	×	×	×
ANL direct,#data	(direct)∧data→(direct)	53 direct data	3	2	×	×	×	×
ORL A,Rn	A∨Rn→A	48～4F	1	1	√	×	×	×
ORL A,direct	A∨(direct)→A	45 direct	2	1	√	×	×	×
ORL A,@Ri	A∨(Ri)→A	46,47	1	1	√	×	×	×
ORL A,#data	A∨data→A	44 data	2	1	√	×	×	×
ORL direct,A	(direct)∨A→(direct)	42 direct	2	1	×	×	×	×
ORL direct,#data	(direct)∨data→(direct)	43 direct data	3	2	×	×	×	×
XRL A,Rn	A⊕Rn→A	68～6F	1	1	√	×	×	×
XRL A,direct	A⊕(direct)→A	65 direct	2	1	√	×	×	×
XRL A,@Ri	A⊕(Ri)→A	66,67	1	1	√	×	×	×
XRL A,#data	A⊕data→A	64 data	2	1	√	×	×	×
XRL direct,A	(direct)⊕A→(direct)	62 direct	2	1	×	×	×	×
XRL direct,#data	(direct)⊕data→(direct)	63 direct data	3	2	×	×	×	×
CLR A	0→A	E4	1	1	√	×	×	×
CPL A	$\overline{A}$→A	F4	1	1	×	×	×	×
RL A	A 循环左移一位	23	1	1	×	×	×	×
RLC A	A 带进位循环左移一位	33	1	1	√	×	×	√
RR A	A 循环右移一位	03	1	1	×	×	×	×
RRC A	A 带进位循环右移一位	13	1	1	√	×	×	×
SWAP A	A 半字节交换	C4	1	1	×	×	×	×

续表

数据传送指令								
助记符	功　能	十六进制代码	字节数	周期数	对标志影响			
					P	OV	AC	CY
MOV A,Rn	Rn→A	E8~EF	1	1	√	×	×	×
MOV A,direct	(direct)→A	E5 direct	2	1	√	×	×	×
MOV A,@Ri	(Ri)→A	E6,E7	1	1	√	×	×	×
MOV A,#data	data→A	74 data	2	1	√	×	×	×
MOV Rn,A	A→Rn	F8~FF	1	1	×	×	×	×
MOV Rn,direct	(direct)→Rn	A8~AF direct	2	2	×	×	×	×
MOV Rn,#data	data→Rn	78~7F data	2	1	×	×	×	×
MOV direct,A	A→(direct)	F5 direct	2	1	×	×	×	×
MOV direct,Rn	Rn→(direct)	88~8F direct	2	2	×	×	×	×
MOV direct1,direct2	(direct2)→(direct1)	85 direct2 direct1	3	2	×	×	×	×
MOV direct,@Ri	(Ri)→(direct)	86,87 direct	2	2	×	×	×	×
MOV direct,#data	data→(direct)	75 direct data	3	2	×	×	×	×
MOV @Ri,A	A→(Ri)	F6,F7	1	1	×	×	×	×
MOV @Ri,direct	(direct)→(Ri)	A6,A7 direct	2	2	×	×	×	×
MOV @Ri,#data	data→(Ri)	76,77 data	2	1	×	×	×	×
MOV DPTR,#data16	data16→DPTR	90 data16	3	2	×	×	×	×
MOVC A,@A+DPTR	(A+DPTR)→A	93	1	2	√	×	×	×
MOVC A,@A+PC	PC+1→PC (A+PC)→A	83	1	2	√	×	×	×
MOVX A,@Ri	(Ri)→A	E2,E3	1	2	√	×	×	×
MOVX A,@DPTR	(DPTR)→A	E0	1	2	√	×	×	×
MOVX @Ri,A	A→(Ri)	F2,F3	1	2	×	×	×	×
MOVX @DPTR,A	A→(DPTR)	F0	1	2	×	×	×	×
PUSH direct	SP+1→SP (direct)→SP	C0 direct	2	2	×	×	×	×
POP direct	(SP)→(direct) SP−1→SP	D0 direct	2	2	×	×	×	×
XCH A,Rn	A←→Rn	C8~CF	1	1	√	×	×	×
XCH A,direct	A←→(direct)	C5 direct	2	1	√	×	×	×
XCH A,@Ri	A←→(Ri)	C6,C7	1	1	√	×	×	×
XCHD A,@Ri	A0~3←→(Ri)0~3	D6,D7	1	1	√	×	×	×

续表

位操作指令

助记符	功能	十六进制代码	字节数	周期数	对标志影响			
					P	OV	AC	CY
CLR C	0→CY	C3	1	1	×	×	×	√
CLR bit	0→bit	C2 bit	2	1	×	×	×	
SETB C	1→CY	D3	1	1	×	×	×	√
SETB bit	1→bit	D2 bit	2	1	×	×	×	
CPL C	$\overline{CY}$→CY	B3	1	1	×	×	×	√
CPL bit	$\overline{bit}$→bit	B2 bit	2	1	×	×	×	
ANL C,bit	CY∧bit→CY	82 bit	2	2	×	×	×	√
ANL C,/bit	CY∧$\overline{bit}$→CY	B0 bit	2	2	×	×	×	√
ORL C,bit	CY∨bit→CY	72 bit	2	2	×	×	×	√
ORL C,/bit	CY∨$\overline{bit}$→CY	A0 bit	2	2	×	×	×	√
MOV C,bit	bit→CY	A2	2	1	×	×	×	√
MOV bit,C	CY→bit	92 bit	2	2	×	×	×	×

控制转移指令

助记符	功能	十六进制代码	字节数	周期数	对标志影响			
					P	OV	AC	CY
ACALL addr11	PC+2→PC, SP+1→SP, PCL→(SP),SP +1→SP,PCH →(SP),addr11 →PC10~0	*1	2	2	×	×	×	×
LCALL addr16	PC+3→PC, SP+1→SP, PCL→(SP), SP+1→SP, PCH→(SP), addr16→PC	12 addr16	3	2	×	×	×	×

续表

控制转移指令								
助记符	功 能	十六进制代码	字节数	周期数	对标志影响			
					P	OV	AC	CY
RET	(SP)→PCH,SP−1→SP,(SP)→PCL,SP−1→SP 从子程序返回	22	1	2	×	×	×	×
RETI	(SP)→PCH,SP−1→SP,(SP)→PCL,SP−1→SP 从中断返回	32	1	2	×	×	×	×
AJMP addr11	PC+2→PC, addr11→PC10~0	*2	2	2	×	×	×	×
LJMP addr16	addr16→PC	02 addr16	3	2	×	×	×	×
SJMP rel	PC+2→PC,PC+rel→PC	80 rel	2	2	×	×	×	×
JMP @A+DPTR	A+DPTR→PC	73	1	2	×	×	×	×
JZ rel	PC+2→PC,若A=0,PC+rel→PC	60 rel	2	2	×	×	×	×
JNZ rel	PC+2→PC,若A≠0,PC+rel→PC	70 rel	2	2	×	×	×	×
JC rel	PC+2→PC,若CY=1,则PC+rel→PC	40 rel	2	2	×	×	×	×
JNC rel	PC+2→PC,若CY=0,则PC+rel→PC	50 rel	2	2	×	×	×	×
JB bit,rel	PC+3→PC,若bit=1,则PC+rel→PC	20 bit rel	3	2	×	×	×	×
JNB bit,rel	PC+3→PC,若bit=0,则PC+rel→PC	30 bit rel	3	2	×	×	×	×
JBC bit,rel	PC+3→PC,若bit=1,则0→bit,PC+rel→PC	10 bit rel	3	2	×	×	×	×

续表

控制转移指令									
助记符	功能	十六进制代码	字节数	周期数	对标志影响			
^	^	^	^	^	P	OV	AC	CY
CJNE A,direct,rel	PC+3→PC,若A≠(direct),则PC+rel→PC；若A<(direct),则1→CY	B5 direct rel	3	2	×	×	×	√
CJNE A,#data,rel	PC+3→PC,若A≠data,则PC+rel→PC；若A<data,则1→CY	B4 data rel	3	2	×	×	×	√
CJNE Rn,#data,rel	PC+3→PC,若Rn≠data,则PC+rel→PC；若Rn<data,则1→CY	B8～BF data rel	3	2	×	×	×	√
CJNE @Ri,#data,rel	PC+3→PC,若Ri≠data,则PC+rel→PC；若Ri<data,则1→CY	B6～B7 data rel	3	2	×	×	×	√
DJNZ Rn,rel	Rn-1→Rn,PC+2→PC,若Rn≠0,则PC+rel→PC	D8～DF rel	2	2	×	×	×	×
DJNZ direct,rel	PC+2→PC,(direct)-1→(direct) 若(direct)≠0,则PC+rel→PC	D5 direct rel	3	2	×	×	×	×
NOP	空操作	00	1	1	×	×	×	×

注：*1——机器码 a10a9a810001a7a6a5a4a3a2a1a0,其中 a10a9a8…a7a6a5a4a3a2a1a0 是 addr11 的各位。

*2——机器码 a10a9a800001a7a6a5a4a3a2a1a0。

附录 C
常用集成芯片引脚图

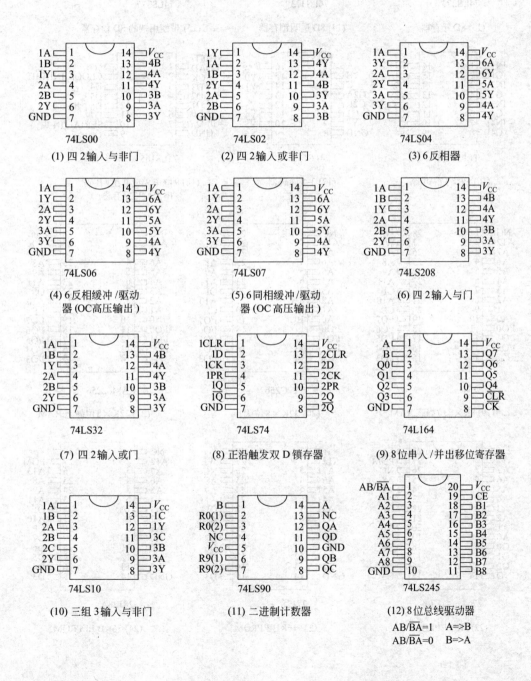

附录 C 常用集成芯片引脚图

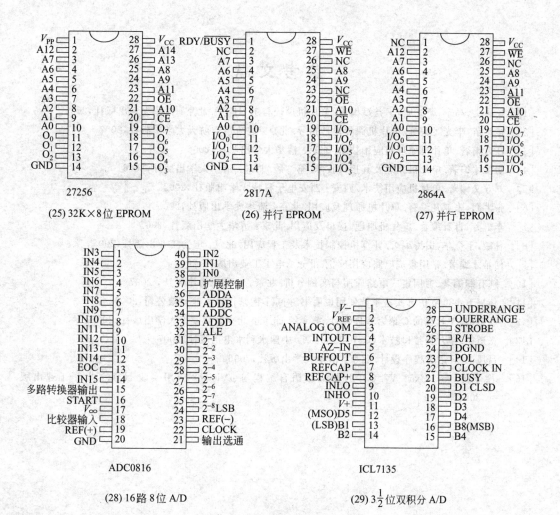

(25) 32K×8位 EPROM　　(26) 并行 EPROM　　(27) 并行 EPROM

(28) 16路 8位 A/D　　(29) $3\frac{1}{2}$ 位双积分 A/D

参 考 文 献

- [1] 杨居义,马宁,靳光明,王益斌编著.单片机原理与工程应用.北京:清华大学出版社,2009
- [2] 楼然苗,李光飞编著.单片机课程设计指导.北京:北京航空航天大学出版社,2007
- [3] 江力编著.单片机原理与应用技术.北京:清华大学出版社,2006
- [4] 胡汉才编著.单片机原理及其接口技术.第2版.北京:清华大学出版社,2006
- [5] 刘守义编著.单片机应用技术.西安:西安电子科技大学出版社,2002
- [6] 张洪润,张亚凡编著.单片机原理及应用.北京:清华大学出版社,2005
- [7] 李群芳,肖看编著.单片机原理、接口及应用.北京:清华大学出版社,2005
- [8] 林敏,丁金华,田涛编著.计算机控制技术及工程应用.北京:国防工业出版社,2005
- [9] 何希才编著.常用集成电路应用实例.北京:电子工业出版社,2007
- [10] 陈有卿编著.通用集成电路应用与实例分析.北京:中国电力出版社,2007
- [11] 伟福Lab6000仿真实验系统使用说明书.南京:南京伟福实业有限公司,2006
- [12] 马忠梅.单片机的C语言程序设计.第4版.北京:北京航空航天大学出版社,2007
- [13] 张道德.单片机接口技术(C51版).北京:中国水利水电出版社,2007
- [14] 吕凤翥.C语言程序设计.北京:清华大学出版社,2006
- [15] 徐爱钧.Keil Cx51 V7.0单片机高级语言编程与μVision2应用实践.北京:电子工业出版社,2004